Travel to the edge of time and space

人类宇宙探索

旅行到时空边缘

李德范★著

北京时代华文书局

图书在版编目（CIP）数据

旅行到时空边缘 . 星辰大海 / 李德范著 . -- 北京 : 北京时代华文书局 , 2023.10
ISBN 978-7-5699-5045-8

Ⅰ . ①旅… Ⅱ . ①李… Ⅲ . ①宇宙－起源－普及读物 Ⅳ . ① P159.3-49

中国国家版本馆 CIP 数据核字 (2023) 第 179293 号

Lüxing Dao Shikong Bianyuan : Xingchen Dahai

出 版 人：陈 涛
策划编辑：邢 楠
责任编辑：邢 楠
装帧设计：孙丽莉 段文辉
责任印制：刘 银 訾 敬

出版发行：北京时代华文书局 http://www.bjsdsj.com.cn
北京市东城区安定门外大街 138 号皇城国际大厦 A 座 8 层
邮编：100011 电话：010-64263661 64261528
印 刷：三河市嘉科万达彩色印刷有限公司
开 本：787 mm×1092 mm 1/16 成品尺寸：165 mm×235 mm
印 张：8.5 字 数：85 千字
版 次：2023 年 12 月第 1 版 印 次：2023 年 12 月第 1 次印刷
定 价：118.00 元（全三册）

目录

第1章 银河帝国

那是一个无比庞大的恒星帝国。

帝国的居民们

银河系是一个庞大的恒星帝国，其主体是一个扁平的盘状体——银盘，从侧面看，如同一个巨大的飞碟，静静地悬浮在宇宙里。（见图 1–1）

银盘的直径约为 10 万光年。假如一艘宇宙飞船始终保持每秒 3000 千米的速度，它沿直径穿越银盘需要花上 1000 万年的时间。

银河帝国的恒星数量众多，估计大约在 1000 亿至 4000 亿之间，现在大多数天文学家喜欢用 3000 亿这个数字。银河系的恒星居民彼此差异极大，几乎没有两个是完全一样的。最亮的恒星一天发出的光，比太阳在 2000 年内发的光还多；最暗的恒星如此暗淡，亮度不及太阳的百万分之一，如果用它代替太阳，正午时分的天空将比满月的夜晚还要昏暗。温度高的恒星闪耀着旺盛的蓝色火焰，温度低的恒星发出暗淡的红色光芒。最古老的恒星可以追溯到130亿年前的银河系形成之初，最年轻的恒星今天才刚刚发出它的第一缕光芒。速度最快的恒星时速达到400万千米，这速度可以使它远远地逃离银河系，成为宇宙空间的流浪儿；最慢的恒星则慢慢地游荡，最后难逃坠入星系中央黑洞的厄运。体积大的恒星能够装下几万亿个太阳，体积小的恒星就像地球大海中的小

图1-1　银河系的侧面效果与仙女座里编号为NGC 891的星系很类似，都是一个扁平的盘状体

岛。寿命最长的恒星可以发光几万亿年，寿命最短的恒星则只有几百万年。

这些恒星犹如一颗颗璀璨的宝石，把庞大的银河帝国装点得绚丽多彩、熠熠生辉。

旋涡形的结构

从正面看，银河系是一个巨大的旋涡，中央有一个长达两万多光年的棒，从棒的两端伸展出两条巨大的旋臂，两条大旋臂又分叉出若干小旋臂。太阳就位于一条叫猎户臂的小旋臂内侧，猎户臂的外面是英仙臂，里面是人马臂。

通常人们会认为，旋臂比较明亮，因为里面的恒星密度大，而旋臂之间的暗区恒星密度小。20 世纪 30 年代，美国天文学家巴特 · 博克和同事们就持这样的观点，他们花费了十多年光阴从不同方向计数恒星，希望发现银河系的旋臂结构。他们期待，恒星数量在银盘的某个距离段急剧增加，某个距离段骤然减少，可结果令他们非常失望，恒星密度没有随着距离发生明显变化。

原来，旋臂之所以明亮，并非因为恒星密度大，而是因为里面亮星多。旋臂里含有更多的气体，能诞生更多的大质量恒星，它们燃烧猛烈，是明亮的蓝色超巨星，正是它们把旋臂照亮。由于大质量恒星寿命比较短，当它们走出旋臂的时候，差不多也该熄灭了，旋臂之间由于缺少明亮的蓝色超巨星而显得相对暗淡。

太阳距离银河系中心约27,000光年，这个数据通常在26,000光年至28,000光年之间变动。鉴于这个大圆盘的直径有10万光年，我们在地球夜空中肉眼所见的满天繁星——约6000颗恒星，都是太阳的近邻，大都位于右页图中的小红圈内。（见图1–2）

太阳围绕银河系中心运行一圈需要约2.5亿年，这也称为一个银河年。在一个银河年里，地球上能发生怎样的变化呢？为了便于比较，我们把一个银河系也划分为四个季节、12个月。当太阳在上一圈位于现在这个位置的时候，也就是2.5亿年前，是上一个银河年的开始，我们来看一下这一个银河年里地球上发生的主要事件：

上一个银河年：

1月底，也就是大约2.3亿年前，恐龙在地球上诞生；

3月份，也就是那个银河年的春天，恐龙大大兴盛，它们主宰了陆地、天空和海洋；

7月份，恐龙开始衰落；

9月底，也就是那个银河年的秋天——6500万年前，恐龙在地球上灭绝了。

距年底只剩下3天的时候，人类在地球上诞生。

3天后，太阳回到了起点，一个新的银河年开始，人类成

图 1-2　从正面看，银河系像一个巨大的旋涡，直径有 10 万光年。我们在夜空中看到的绝大多数星星，都在图中那个小小的圆圈之内

功统治地球。

上一个银河年的最后一刻钟——6000年前，人类开始进入有文明的历史。

人类统治地球的时间，会超过恐龙吗？

坐地巡天看银河

地球绕太阳公转的轨道平面并不和银盘平行，而是有63度的夹角，这样，在地球围绕太阳公转一周的过程中，地球相对于太阳处于银河系的不同方向，星空和银河就呈现出不同的风貌。

冬天，地球运行到猎户臂一侧，相对于太阳处于银河系边缘。夜晚，我们看到的是猎户臂一侧的银河。在猎户臂里，有很多明亮的星，如猎户座的参宿众星，它们把冬夜的星空装点得极为璀璨。

随着冬天转为春天，地球相对太阳来到了银盘上方——银盘北方，夜晚，仰望头顶的星空，视线和银盘接近垂直，所以银河低垂于四周，星空暗淡，亮星较少，只有牧夫座的大角星非常醒目，那是离我们只有37光年的近邻。

夏天，地球运行到了人马臂一侧，夜晚的银河再次高高升起，那是人马臂的银河。夏夜星空里虽然也有不少亮星，但还是比冬夜要少，这是因为太阳系位于猎户臂的内边缘，里边就是猎户臂与人马臂之间宽达几千光年的暗区。

秋天的银河又是另一番景象，地球相对太阳转到了银盘下方——银盘南方，由于视线远离银盘，秋夜星空同春夜一样暗淡，只有南鱼座的北落师门一颗亮星，显得极为孤单，那是离我们只有 21 光年的近邻。（见图 1–3）

身处地球，我们可以试着去感知银河那巨大的银盘。银河高挂头顶时，那是银盘竖立在太空，你的身体此时是和银盘平行的，把你的身体放大 10 万亿亿倍，你的头和脚就触及银河系的边缘了。你可以尝试着摇摆一下身体，看看能否体会到银盘随着你晃动的感觉。

当银河几乎与地面相平时，你就是站立在银盘平面上，身体与银盘垂直，设想你脚踩着巨大的银盘，驾驶着这个旋转的飞盘以 200 多万千米的时速在宇宙太空飞驰，那是怎样的一种感受呢？

帝国的首府

银河恒星帝国的首府——过去称核球，现在称中央棒，就隐藏在人马座后面那段粗壮的银河里。从地球上看，这个棒的大部分恒星偎依在半径只有 8 度的圆形天区内，比人马座的茶壶大不了多少，棒中恒星分布密度比太阳附近高得多。如果我们居住在那里，夜空会有几百万颗比天狼星还要亮的

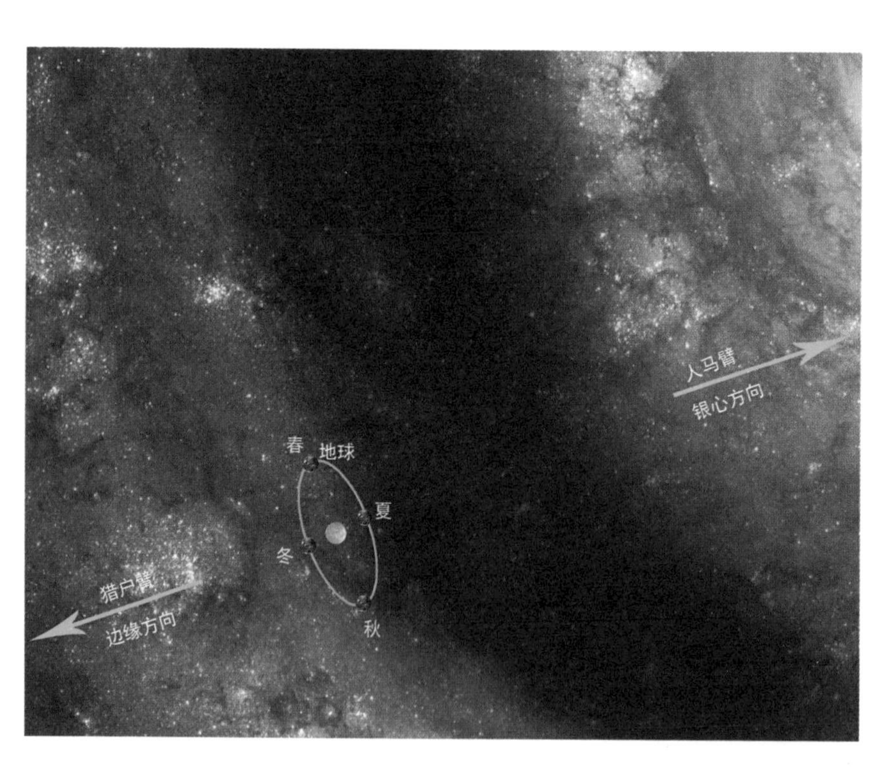

图 1-3　地球绕太阳的公转轨道与银河旋臂的关系。我们一年四季看到不同的银河系风貌

恒星，夜晚将和白天一样明亮。

银盘的星际介质把银河系中心的奥秘严严地遮盖起来。平均来说，银盘中每立方厘米只有 1 个氢原子的星际介质，与之相比，地球空气每立方厘米有 2500 亿亿个分子，因而银盘中星际介质的密度是极低的。但由于银盘十分庞大，这些星际原子加在一起，总质量有几十亿个太阳。

这样，星光从银河系中央射出，要突破星际介质的重重包裹才能出来。如果 1 万亿个黄色光子从银心出发向我们飞来，只有一个能到达地球，银河中央的视亮度也就比真实亮度暗了 1 万亿倍。即使像天津四这样的明亮巨星，如果放到银河系中心，就是用地球上最大的望远镜也看不见。

然而，大自然并非将它的奥秘完全隐藏，天文学家们可以通过其他途径窥探银河系中心。星际尘埃虽然能遮挡可见光，却挡不住射电波和红外线，因为它们的波长比可见光更长，能够轻易绕过星际尘埃颗粒。20 世纪末以来，射电和红外天文学家已经绘出了银心区的详细图像，银心的秘密渐渐显露出来。（见图 1–4）

银河系中央是一个很致密的区域，叫银核，直径不到 10 光年，里面聚集着一大批年轻的大质量蓝色巨星，总质量有 1000 万个太阳，恒星分布密度比太阳附近大 20 万倍。如果没有气体和尘埃物质的遮挡，银核的亮度将超过满月，成为夜空中最明亮的天体，不过看上去只是一个星点。

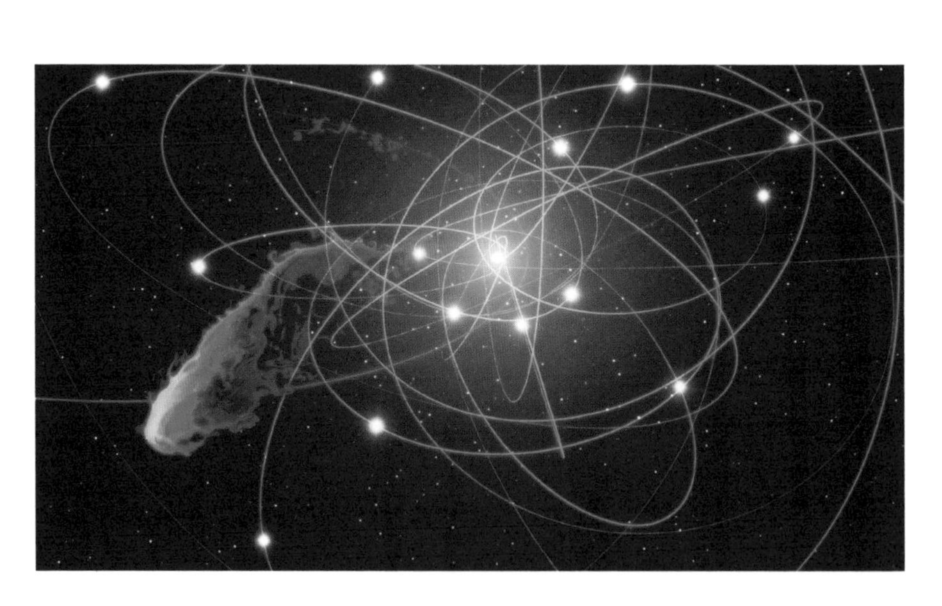

图 1–4　银河系中心

银心的超级黑洞

银核中央有一个称为人马座 A 的复杂结构，其中有一个强大的无线电波源——人马座 A*，那是真正的银心，一个超级黑洞就位于这里。

这是一个直径约 4400 万千米的区域，中央黑洞重约 430 万个太阳。围绕人马座 A* 的星体的速度比银河系内其他星体的速度都要高，大约每 11 分钟旋转一圈，这些恒星和云气轨道的核心并没有可见的天体，那就是银河系中央黑洞的位置。2013 年，一个巨大的气体云团以 800 万千米的时速撞向黑洞，被黑洞巨大的潮汐力撕裂。

巨大银盘的外围，包裹着近似球形的银晕，直径约为 30 万光年。这里恒星的密度比银盘中要低得多，不过由于球状星团相当巨大，它们可以远离银盘，广泛地分布在银晕中，已发现的 200 多个球状星团，有 160 个分布在银晕中。

帝国的殖民地

银晕外面，已经没有恒星，但还稀疏地分布着一些气体物质，大致呈球形包围着银河系，叫银冕，它延伸的距离是银盘直径的数倍，达到 60 多万光年。

银河系帝国的外围，有至少 10 个被银河系的引力牢牢抓住的小星系，它们受银河系引力控制，老老实实地围绕着银河系旋转，是强大银河帝国的殖民地。在这些伴星系中，最大的两个是大麦哲伦星系和小麦哲伦星系。大麦哲伦星系大约有 100 亿颗恒星，小麦哲伦星系大约有 20 亿颗恒星，不要想当然地认为它们是小星系，在宇宙的全部星系中，这两个星系依然算是大的。

银河系最遥远的两个伴星系位于银盘遥远的北部边陲，它们是狮子座Ⅰ和狮子座Ⅱ，两个星系到银心的距离分别约为 89 万光年和 72 万光年，它们像两尊狮子伫立在银河系的北部边疆，把守着通向星系际空间的大门。

从那里再往更遥远的北方，是银河系真正的邻居——仙女星系 M31（曾被称为仙女座大星云），正是这个星系，彻底摧毁了沙普利在 20 世纪初建立的大银河系模型，开启了通往河外星系的大门。

第2章
仙女的媚眼

仙女抛来的媚眼，将天文学家的视线引至河外星系。

宇宙尺度的大辩论

18世纪中期，康德在林荫小道上漫步，思想在宇宙翱翔，领悟到宇宙中应该有无数的星系，星空里有一些云雾状天体，很可能是像银河系一样的巨大恒星集团，它们分布在浩瀚的宇宙中，就像大海里的一个个岛屿——宇宙岛。

20世纪初的时候，天文学家们的看法依然分成两派，一派观点像康德，另一派则认为银河系就是全部的宇宙，所有天体都在银河系内。真相究竟是什么呢？1920年4月，美国天文界泰斗海耳举办了一场有关“宇宙尺度”的著名大辩论。辩题之一是，仙女座M31这样的星云，究竟是在银河系内还是在银河系外。

仙女座很好辨认。秋天夜晚，有四颗亮星组成一个明显的四边形，它被称为秋季四边形（也叫飞马-仙女大方框）。

四边形东北角的星叫壁宿二，它和附近的奎宿九、天大将军一排成近似一条直线，那是仙女座的主体。仙女座大星云M31位于奎宿九旁边不远，肉眼就可以看到，是夜空里最著名的星云之一。（见图 2–1）

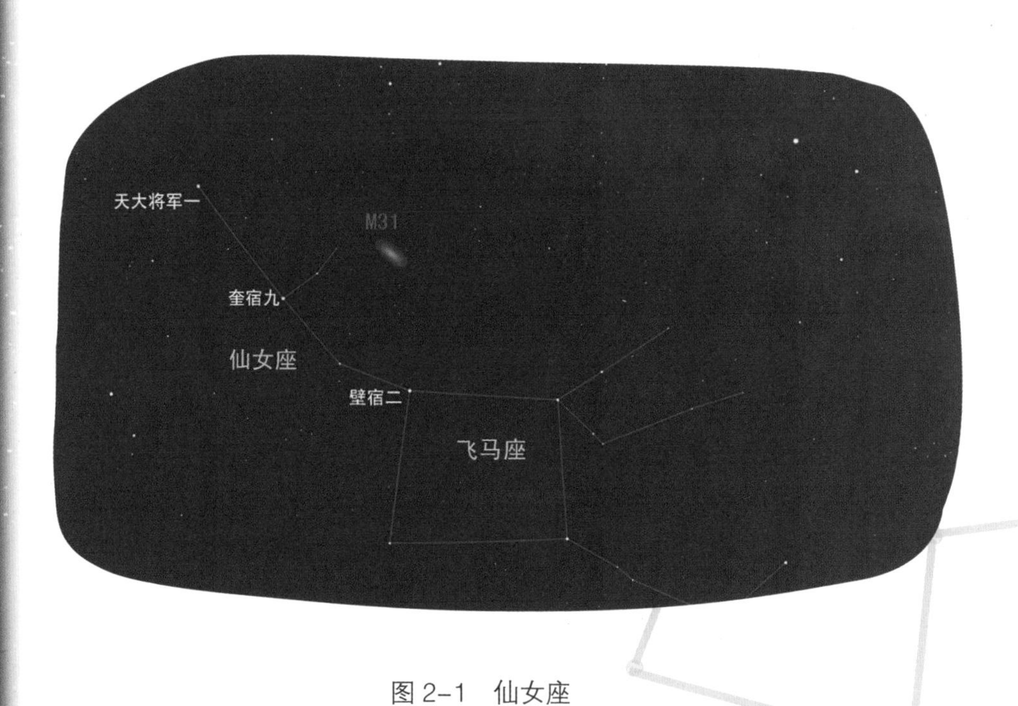

图 2–1　仙女座

大辩论有两位辩手参加，一位是沙普利，来自威尔逊山天文台，他刚刚建立起一个宏伟的大银河系模型，并豪迈地宣称，银河系就是全部宇宙。另一位是柯蒂斯，来自利克天文台，同时是一位优秀的演说家，精通拉丁语、希腊语和其他古代语言。柯蒂斯反对沙普利的观点，认为银河系是小的，只是无数宇宙岛之一。

沙普利举证，1885 年，一颗称为仙女 S 的新星在 M31 中央闪耀，亮度最大时和整个星云几乎一样亮。如果仙女座大星云是遥远的星系，那么一颗仙女座 S 新星的亮度就和整个星系一样大，这是不可思议和荒谬的，这证明 M31 既不远也不大。

柯蒂斯举证，1917 年，他观测到仙女座大星云内的 12 颗新星，它们比银河系内同类新星要暗得多，这表明它们要远许多。假定它们和银河系内的新星一样，那么仙女座大星云的距离将远在 50 万光年之外，远超沙普利那 33 万光年直径的银河系。

辩论结束的时候，沙普利和柯蒂斯都满怀信心地离开华盛顿，都认为自己取得了辩论的胜利，谁也没有说服谁。柯蒂斯及其支持者仍旧信奉银河系只是较小的星系，众多河外星系犹如一个个宇宙岛漂浮在茫茫宇宙大海之中。沙普利及其追随者仍然相信，银河系就是整个宇宙大海，M31 那样的星云虽然众多，也不过是漂浮在大海边缘的暗淡星云。

彻底解决这场争论的希望，寄托在威尔逊山那台威力强劲的 100 英寸（2.54 米）胡克望远镜上。

威尔逊山的功勋望远镜

威尔逊山天文台是现代天文学的圣地，几乎倾注了海耳全部的心血。早在1903年，海耳就在威尔逊山上支起帆布小床，躺在那里观测星空，他很快被那里的星星征服，决心筹建威尔逊山天文台。一年之内，海耳已说服华盛顿卡内基研究院捐款建设一个太阳观测台，接着是口径60英寸（1.52米）的望远镜，那已经是世界第一了，但海耳野心勃勃，想建造一台口径100英寸（2.54米）的。1906年，他说动洛杉矶的实业家胡克，为100英寸（2.54米）的镜面玻璃提供巨额经费——这台望远镜因此被命名为胡克望远镜；然后又说动慈善家卡内基给予惊人的1000万美元捐款。

镜面玻璃由法国的圣戈班工厂制造，重量超过5吨，装在轮船上漂过大西洋运抵美国东海岸，再横跨美洲大陆运到威尔逊山的光学车间。光学专家里奇仔细检验后声称这块玻璃没什么用处，因为在浇铸过程中，里面产生了无数微小的气泡，它们会使玻璃变得脆弱易碎。圣戈班工厂愿意自己出钱再造，结果浇铸了几次都不幸失败。

海耳非常郁闷，因此得了神经衰弱。玻璃弃置两年后，海耳无奈请另外的专家重新检验，结论却正好相反，这些气泡层不但不会使玻璃变脆，反而会加强它，玻璃完全可以使用。于是接下来工人花了5年时间来磨光玻璃表面。

1917年11月1日，望远镜建成开光。两年之后，胡克望远镜迎来了它的主人之一——哈勃。哈勃在芝加哥大学本科学的是数学和天文，后来到英国牛津大学学习法律，获文学学士学位，短暂地当了一段时间的律师，又去叶凯士天文台攻读天文，获得博士学位后到欧洲参加第一次世界大战，两年后以少校军衔退伍，被海耳以年薪1500美元聘请到威尔逊山天文台。

有一年多时间，哈勃和沙普利共同使用100英寸（2.54米）胡克望远镜。1920年这台望远镜的分配时间表是：在月亮最亮的那些夜晚，由光谱学家使用；弦月前后一段时间，由沙普利为首的几位天文学家使用；初一前后月亮最暗的那些天分配给哈勃。

拂却仙女的美意

沙普利此时的心思已经不在威尔逊山，哈佛天文台的台长皮克林去世，空缺的台长位置对沙普利诱惑很大。1921年3月，沙普利离开威尔逊山去哈佛谋求台长职位，动身之前，观测助手提醒，有一些刚刚拍摄的仙女座大星云（M31）的底片需要复查，沙普利就把照相底片给了观测助手，让助手把这些照片放进闪视比较仪里观察。这种仪器有左右两个置片台，放置待比较的两张底片，两张底片自动控制着按一定频率轮流进入视场。如果两张底片的星象完全一样，视场里的星象是稳定的。两张底片中有一个星移动位置或者亮度发生变化，视场里就会看到星象跳动或闪烁。天文学家们常用这种办法寻找变星或新天体。沙普利的观测助手发现，仙女座大星云里有闪烁现象，如同一眨一眨的眼睛。仙女为什么眨眼睛呢？

这些闪烁的星点会不会是造父变星呢？如果是，那将确定表明仙女座大星云非常遥远，因为它们看起来明显比银河系里的造父变星暗得多，利用造父变星的周期光度关系，可以相当准确地确定它们的距离，而这正是沙普利最擅长的。观测助手用墨水标出闪烁的位置，想得到沙普利的确证。令人诧异的是，沙普利拿起照片看了一眼，然后平静地取出手帕，轻轻地把那些墨水标记拭去，毫不理会仙女抛给自己的媚眼，匆匆奔赴自己心仪已久的哈佛天文台上任，威尔逊山的哈勃时代开始了。

天文学家的夜晚

哈勃和沙普利是来自密苏里的同乡，但彼此印象都很差。沙普利是一个和平主义者，哈勃却以军人身份为荣，在威尔逊山上还常常穿戴军人的衣着饰物，沙普利看他很不顺眼，哈勃讲话时矫揉造作的牛津口音也令他深感别扭。沙普利如日中天的知名度让哈勃感到心里有一片巨大的阴影，他的离去让哈勃有一种云开雾散的感觉。

在海耳的严格管理下，威尔逊山天文台等级分明、秩序井然。下午 6 点，在冬天则是 5 点，晚餐的铃声准时响起，每一位就餐者进入餐厅，他们必须穿着外套打着领带，坐在属于自己的位置上。餐桌的餐巾上有一个套环，上面标注该位置主人的名字——这些名字总在变动。当晚 100 英寸（2.54 米）望远镜的观测者永远是首席，首席右边依次是观测助手、60 英寸（1.52 米）望远镜的观测者等；首席左边，是太阳望远镜的观测者、助手等。更远的地方，则是资历较浅、地位较低的人，工作马甲可以表明他们的身份。在威尔逊山的第一年，哈勃总共有 41 天坐在首席。

晚饭后，天空渐渐变暗，哈勃进入巨大的白色圆顶室，攀上长铁梯，登上安装望远镜的混凝土楼层，再经过几级台阶走上一个阳台样的平台，从这里再登上一段铁梯，来到观测平台。就像站在一艘大船舰桥上的船长，哈勃大声发出命令——时间、度数，观测助手则按指令操作望远镜。一切就绪后，哈勃便坐进目镜前的长弯椅里，不慌不忙地将烟斗装满，点着烟，灭掉剩下的灯光，让圆顶室内部留在一片黑暗之中，只漏下闪烁的点点星光。

随着时间的流逝，星星由于地球自转会偏向西方，望远镜需要不停地跟踪。100 英寸（2.54 米）望远镜虽然很精密，时间长了，也会出现误差，要么领先星体，要么落后。为了补偿，天文学家必须看着目镜中的星体，同时用手揿按控制面板上的按钮，使望远镜减速或加速，从而使星体保持在目镜十字丝的中央。

寒冷是最大的威胁，因为圆顶室的天窗是大开着的。在最寒冷的夜里，天文学家的手指和脚趾都逐渐麻木，泪水甚至把观测者的睫毛完全冻结在目镜上。

一夜又一夜，寂静而孤独，时间随着遥远的朵朵星云流逝。哈勃有时会通过作诗来消磨时光，有时则哼唱流行歌曲。灿烂星空很容易激起人们对造物主的沉思冥想，哈勃自然也时不时地追寻宇宙创造者的思想。一位极度消沉的朋友曾问起他的信仰，哈勃婉转地回答："世界比我大得太多，我不可能懂得它，但它是值得我信赖的。"

深夜之时会有夜宵，观测专家们会短暂放松一下，来到一个有暖气的小楼，默默地用餐，气氛非常安静，经常有麋鹿来到饭厅的台阶寻找食物，狐狸则在周边窜动。

破晓前是最困难的时候，令人麻木的寒冷和困倦会分散观测者的注意力。当星辰渐渐暗淡时，观测终于结束。按下开关，电动马达带动链条，随着一长串闷雷般的隆隆响声，圆顶被合上。天文学家从椅子上僵硬地直起身子，把底片装入手提箱，走下观测平台。

当下方山谷在曙光里逐渐显现之际，天文学家沿着仅见轮廓的松树小道走回宿舍。那真是一段轻松而愉悦的旅程，宇宙的奥秘就拎在手提箱里，它会展示出什么样的惊喜呢？一个昏暗的黎明，哈勃走在回宿舍的路上，一头狮子无声地出现在他面前，两只眼睛放出幽幽的光，直盯着哈勃。哈勃立即怔住了，大脑一片空白，一动也不能动。一小会儿之后，狮子缓慢地转过身，溜进了密林里。

“仙女”之约

1923 年 10 月 4 日夜晚，天气不是太好，哈勃把胡克望远镜锁定在仙女座大星云的旋臂上，曝光了 40 分钟。尽管条件不利，仙女座大星云的底片上还是显示出一个“可疑”的新星。这激起了哈勃的好奇，第二天夜晚他重复了前一夜的观测，并增加了 5 分钟曝光时间。那夜的天气好了许多，这张编号为 H335H 的底片成为哈勃最著名的底片，它证实了这颗可疑的新星。哈勃进一步检查底片，又发现两颗新星。这天是他本月当班的最后一夜，第二天，他怀着发现“三胞胎”的喜悦下了山。

一回到办公室，哈勃便找出天文台底片档案进行比对。在闪视比较仪的视场里，哈勃激动地看到了一闪一闪的星光，仿佛是“仙女”抛出的妩媚眼神，令哈勃神魂颠倒——那是造父变星！哈勃绘出这颗星的光变曲线，测出其光变周期是 31.415 天，根据沙普利研究的造父变星测量距离技术，哈勃发现这颗恒星离地球约有 90 万光年，这是沙普利宣称的宇宙直径的 3 倍。毫无疑问，仙女座大星云是银河系之外的另一

个恒星帝国。（见图 2–2）

自从读懂仙女的媚眼，哈勃在威尔逊山上频频和仙女约会。仙女也频送秋波，把自己的惊天身世透露给哈勃。1924 年 2 月下旬，沙普利收到了一封来自哈勃的信，如同晴天霹雳："您将会感兴趣地听到，我已在仙女座大星云（M31）里发现了一颗造父变星。这个季节只要天气许可，我就跟踪这个星云。在最近 5 个月里，我已捕捉到 9 颗新星和 2 颗变星。""我有一种感觉，仔细检查长曝光底片将会发现更多的变星。总而言之，下个季节将是丰收的季节，迎来的将是预期的仪式和庆典。"

沙普利倍感惆怅与失落，如果他当年留在威尔逊山，这些伟大的发现也许就没有哈勃的份了。

"宇宙岛"的争论平息了，一个超乎所有古人想象的大宇宙呈现在人们面前。康德的光辉思想，历经近 200 年的纷争和曲折，最终得到证实。银河系之外，是更为广阔的世界，有无穷无尽的星系分布在无垠的宇宙大海里。

图 2-2 仙女星系（M31），银河系的邻居

第3章 星系之舞

宇宙上演的是一场气势恢宏的星系大舞蹈，
每一个成员都参演其中。

与仙女共舞

和银河系共舞的，是美丽的仙女——仙女星系。当年哈勃测量她与我们的距离是90万光年，虽然把她远远推出了银河系，但那时候对造父变星的认识很不全面，导致测量结果大大小于实际距离，后来仙女星系与我们的距离被修正到250万光年。

仙女有着丰满的身躯——直径超过22万光年，质量是银河系的2倍以上，恒星数量超过4000亿颗。因此，她虽远在250万光年之外，我们用肉眼依然能看到她的光芒，那光芒是她在地球人类尚处于南方古猿时期发出的。

仙女带着大约二十几个小伙伴为自己伴舞，M33、M32、M110是其中比较出众的几个。M33位于三角座，也称为三角座星系，是一个典型的旋涡星系，星系盘的直径约 6 万光年，它其实是星系中的佼佼者，比宇宙中绝大多数星系都大而且漂亮，不过在仙女热情的引力感召下，M33 甘愿在遥远的后方为她伴舞。M33 自己本身还带着一个卫星系作为自己的伴舞者，这个小星系位于三角座旁边的双鱼座，称为双鱼座矮星系。

M32 是 M31 的另一个伴星系，它与 M31 的旋臂外沿重合在一起，是一个致密的椭圆星系，看起来就像一个明亮的圆斑，直径 6500 光年，质量有 30 亿个太阳那么大，这个小星系被仙女的热情引力所俘虏，成为仙女的贴身随侍。

M110 是 M31 的又一个伴星系，也是一个椭圆星系，它在仙女的前方，距离地球 220 万光年，质量有 10 亿个太阳那么大，直径 14,000 光年。

M31 带着自己小伙伴，银河系也带着大小麦哲伦星系等小伙伴，用引力牵手，在方圆数百万光年的舞台里飘逸而舒缓地起舞，组成了一个小的星系集团，称为本星系群。（见图 3–1）

未来的拥抱

本星系群现在上演的只是序曲。美丽的仙女魅力无穷，银河系被吸引着以每小时 40 万千米的速度接近仙女，这个速

图 3–1　仙女星系和银河系的小伙伴们

度仅需 1 小时就能从地球到达月球，但扑向仙女怀抱却需要 37.5 亿年。37.5 亿年后，银河系就会与仙女开始拥抱。接下来，他们彼此穿越，远离，折返，再穿越，再历经 30 多亿年，最终融合在一起，成为一个新的巨椭圆星系。（见图 3–2）

星系的碰撞对于恒星来说并非末日，因为恒星间的距离是如此之大——彼此相距若干光年，当两个星系碰撞时，恒星会相互穿越而几乎不受影响，两颗恒星正面碰撞的概率非

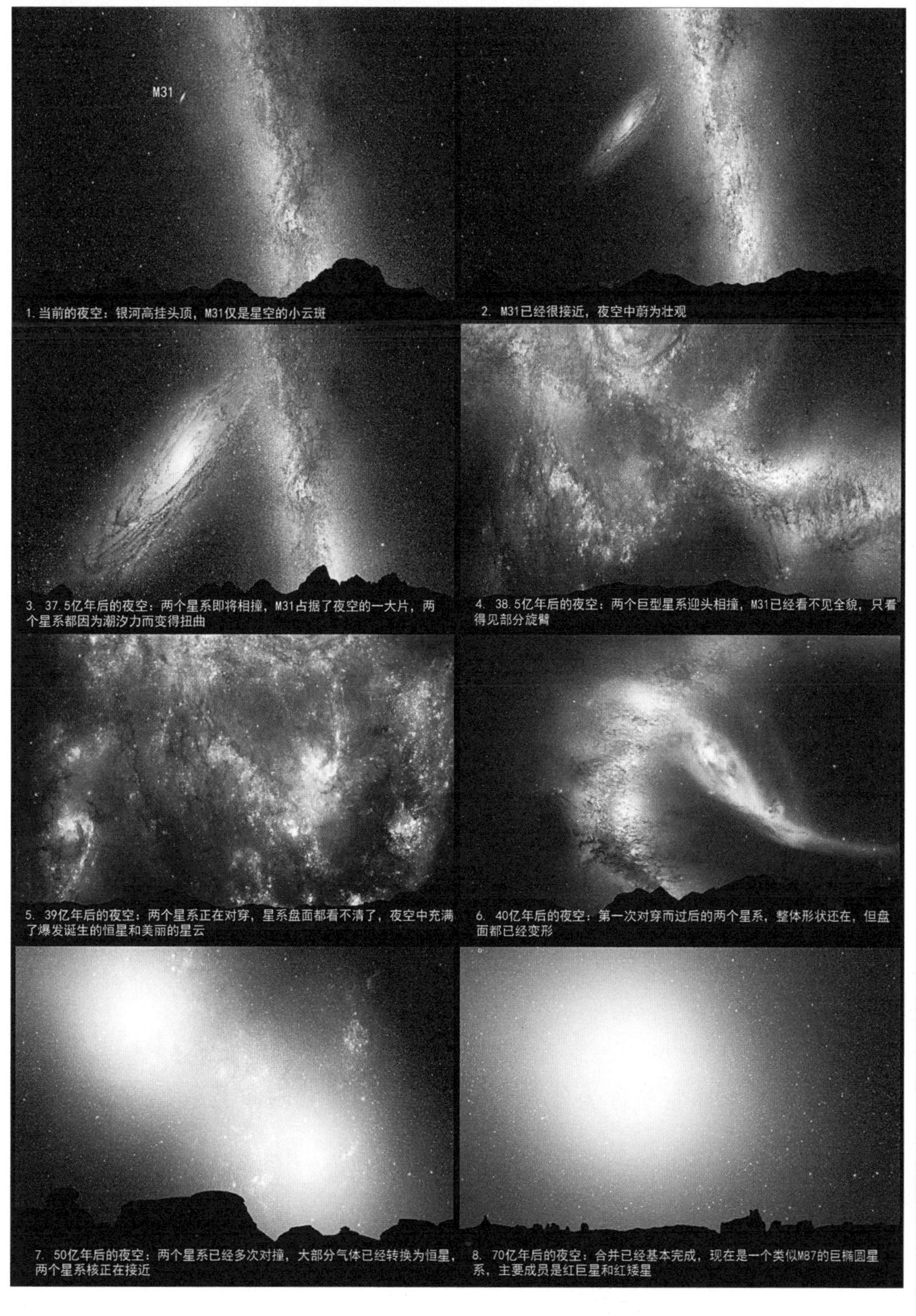

图 3-2　银河系与仙女星系 M31 的碰撞与合并过程模拟图

常小，几乎完全可以排除。

银河系和仙女星系合并的时候，太阳也即将开始膨胀为红巨星的过程，这对地球生命的影响要远大于星系碰撞合并。在新的星系里，星球上的生命再也看不到那条长长的银河，取而代之的，他们将看到星空里有一个巨大的椭球状隆起，那是新形成的椭圆星系的主体。

有意思的是，三角座星系 M33 很可能要“插足”银河系与仙女星系的拥抱。M33 现在距离银河系 290 万光年，比仙女星系还远 40 万光年。它被仙女的魅力牵引，以每秒 190 千米的速度飞向仙女前方，并有可能最终先于银河系投入仙女星系的怀抱。

室女的召唤

本星系群只是宇宙大舞台的小小一隅，在更遥远的太空深处，另一位美丽的女神向她们发出了更热情的召唤，那是室女座星系团。

室女座常被称为处女座，每年的春季太阳落山不久，出现在东方地平线上，是春夜和夏夜星空的主角。在全天 88 个星座中，室女座仅次于长蛇座，是第二大星座。室女是宙斯的姐姐德墨忒尔，掌管着农业与正义的审判，她旁边的天秤座就是女神用来审判世界、称量人心的工具。

室女座头部附近，靠近后发座的区域，有集中成群的星云，它们是一个个遥远的河外星系。梅西耶星表中共有 34 个河外星系，室女座头部附近就有 16 个。原来这里有一个巨大的星系团——室女座星系团，其成员星系超过 2000 个，平均距离地球约 5000 万光年，是距离本星系群最近的一个大星系集团。

在室女强大引力的盛情邀请下，银河系牵手仙女，带领着本星系群的几十个小伙伴，围绕着室女座星系团旋转，转动一周大约需要 1000 亿年。美丽的室女魅力超群，除本星系群外，还有众多星系团也被她吸引，围绕着她旋转，形成了一个更大的宇宙结构——室女座超星系团。因为我们的本星系群身处其中，也称为本超星系团，它至少有 100 个星系团成员，长度超过 1 亿光年。虽然如此，它依然是一个比较小型的超星系团，虽然有一个富有的室女座星系团在核心，但围拢在周围的星系团都相当小而贫瘠。（见图 3–3）

无尽的天堂——拉尼亚凯亚

室女座超星系团的近邻，是长蛇－半人马座超星系团，这蛇与妖联盟的力量超过了室女，室女座超星系团围绕着长蛇与半人马超星系团起舞致礼。室女座超星系团、长蛇－半人马座超星系团以及附近的孔雀－印第安座超星系团又组成了一个更大的集团，这也被称为真正的本超星系团，天文学

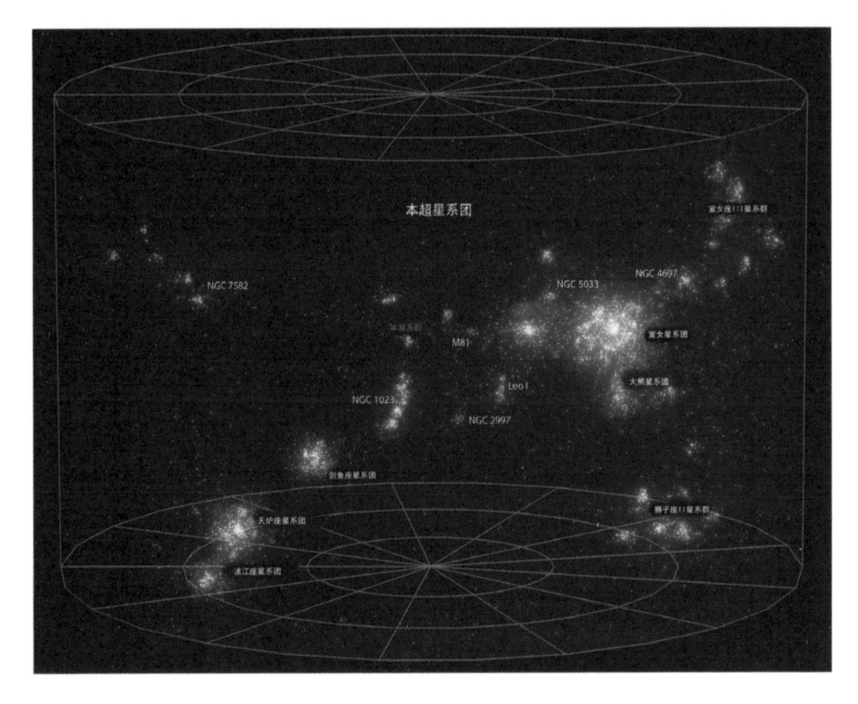

图 3–3　本超星系团

家们给它起了一个夏威夷语名字——拉尼亚凯亚（Laniakea），意思是无尽的天堂。它包括了更多的星系团，星系数目超过 10 万个，恒星数量超过 10 亿亿颗，尺度达 5 亿光年之巨，我们的本星系群位于这个巨大天堂的边缘地带。

拉尼亚凯亚超星系团又受到更大的引力。在半人马座南部约 6 亿光年远的深空，有一个被称为沙普利聚合体的更强大引力源，拉尼亚凯亚超星系团带领着长蛇、半人马、室女等众星系团，率领着数百万个伴舞星系，以每秒 600 至 1000 千米的速度向这个大引力源方向飘飘而去。（见图 3–4）

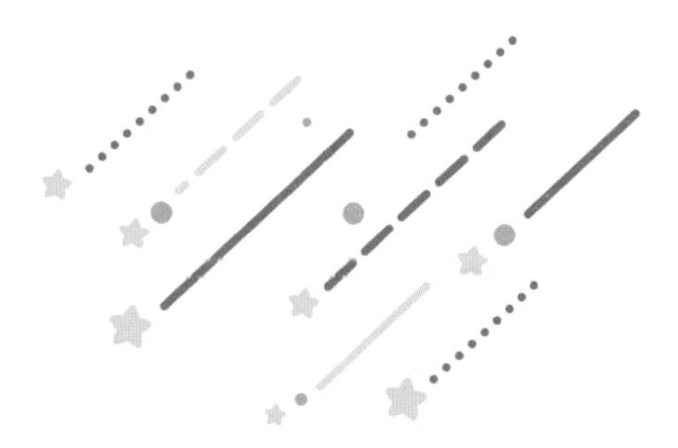

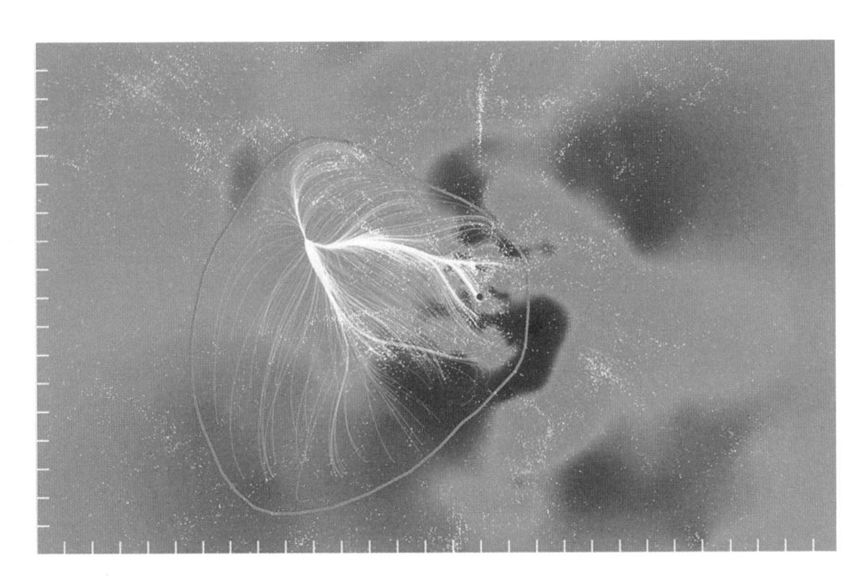

图 3-4　拉尼亚凯亚及其中星系的流向

大尺度网状结构

从更大的尺度上看，宇宙就像由空洞气泡分隔开的纤维网状结构，空洞体积巨大，直径达几亿光年，里面发光的星系很少，洞的外围是星系团和超星系团组成的纤维薄壁，宇宙看上去如同一张立体的大网。这张巨网在物质和暗物质的引力，以及暗能量的斥力作用下，扭结、飘摇、穿越、重组，在宇宙时空中演出一场无比恢宏的宇宙之舞，一部无比伟大的物质运动史诗。

宇宙结构的这一认识彻底推翻了投合古代人类的等级式宇宙——宇宙没有中心，没有任何一处是特殊的，它是均匀、平等、由自然法则和各种定律统治着的世界，无边无际。

第4章 天际的幽暗

黑黝黝的夜空背景，是时空的尽头吗？

眺望宇宙的最深处

我们在网上看到的许多精美的天体图片，都来自哈勃太空望远镜，这台极为精密的仪器不是由天文学家哈勃制造，而是为了纪念他。哈勃太空望远镜于1990年4月25日发射升空，以2.8万千米的时速在600千米的高空围绕地球运行，发回的第一张照片让所有人目瞪口呆——不是精彩绝伦，而是糟糕透顶！本来是一个个光点的恒星竟然散成了光斑！原来制造过程出现了一个很低级的失误，镜面边缘多磨平了一点点，这小小失误造成了灾难性的影响，带来了严重的球面像差——图像不能很好地聚集在焦点上。

1993年12月，“奋进号”航天飞机载着7名宇航员，对哈勃太空望远镜进行了10天的维修。研究人员为哈勃太空望远镜设计了一个改正镜，相当于给它配上一副矫正眼镜。维修非常成功，“哈勃”的视力得到了完美的恢复。20多年间，哈勃太空望远镜传回了一幅幅美轮美奂的天体图像，把宇宙的神奇与美丽呈现在人类面前。

2003年9月24日，哈勃太空望远镜硕大的镜头转向了天炉座方向。天炉座是南天中一个很不起眼的小星座，很暗淡，里面没有一颗亮度小于4等的星，普通人不会对它感兴趣，但天文学家对它情有独钟，因为这里远离银河，视线在这个方向受到银盘气体尘埃的影响最小。星座里有一小块区域，更是极黑暗，就是用大望远镜也看不到一颗小星。没有恒星，没有气体尘埃的遮挡，这是一个瞭望宇宙深处的极佳窗口。在那幽暗的、看似一无所有的宇宙深处，会隐藏着什么呢？

哈勃太空望远镜对准那个幽暗之地，从2003年9月24日至2004年1月16日的100多天里，对它进行了800次拍摄，巡天照相机累计曝光11.3天——将近100万秒。

这是一次宇宙深空“钻探”，“哈勃”得到的图像称为“哈勃超深空”（见图4–1），它显示了由近到远以至130亿光年深处的宇宙图景，里面约有1万个星系。照片中最暗的星系，每分钟只有一粒光子进入望远镜中。

接下来的10年间，哈勃太空望远镜每年都对那个区域拍照，钻探不断深入。2014年发布的“哈勃超深空”图像，深入到了132亿光年之远，星系数目又多了5500个，

图 4-1　哈勃超深空

其中最暗星系的光度只有肉眼可分辨光度下限的一百亿分之一。

“哈勃超深空”展示给人类这样一幅宇宙图景：在幽暗而遥远的太空中，分布着不计其数的星系。

我们的虫豸视角

“哈勃超深空”是一个空间钻探的标本，同时也是一个时间钻探的标本。因为光速是有限的，越遥远的星系，它的光传递到地球花的时间就越长，它所处的宇宙就越古老。比如，30 亿光年外的星系，其实是 30 亿年前的样子；130 亿光年外的星系，其实是 130 亿年前的样子。

我们遥望太空，不但看到了空间的深处，同时也看到了时间的过去。因此，宇宙太空某处“此时此刻”正在发生什么，是没有意义的，因为我们根本无法得知。我们只能在未来才能知道它们的现在，因为那里的光传递过来需要时间，我们这样的视角被称为“虫豸视角”。

假如光速无限，此时此刻宇宙深处发生的事情，即刻就传递给我们，我们就会犹如天神一般，瞬间看清宇宙每一个角落正在发生的事情，这样的视角称为“天神视角”。虫豸视角并不是什么坏事，如果我们拥有的是天神视角，虽然可以瞬间看清整个宇宙的现在，却无法观察到宇宙的过去。我们从虫豸视角看去，宇宙过去的一切，正在我们眼前上演。100 光年外的天体展示的是 100 年前的样貌，100 亿光年外的天体展现的是 100 亿年前的样貌。这样，我们通过距离的深入，就可以一直观察到宇宙古老的过去。（见图 4–2）

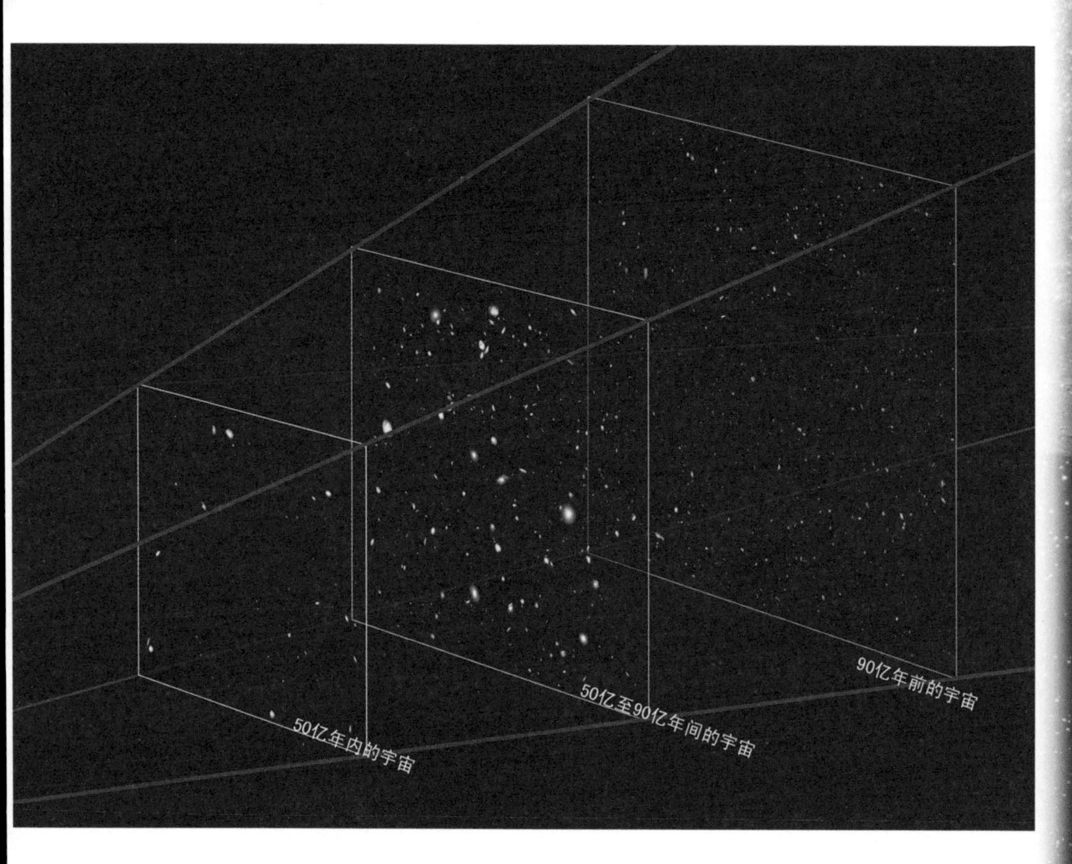

图 4–2　遥望宇宙深处即回看时间的过去，“哈勃超深空”里不同距离的星系代表着不同的宇宙时间

奥伯斯佯谬

现在要提出的问题，是很多人没有想到的——在“哈勃超深空”里，我们已经看得那么深远，可是宇宙的背景为什么依然是黑暗的呢？它是否暗示了，我们看到的宇宙只是一个有限的宇宙？

这个问题其实是奥伯斯佯谬的翻版。奥伯斯佯谬要回答的问题是：夜空为什么是黑暗的？这问题看起来很荒诞，很多人并不认为它有多大意义——夜空黑暗，是因为太阳落山了呗。答案当然不会如此简单，它实际上透露出一个很大的宇宙奥秘。

奥伯斯是一个业余天文爱好者，他本是德国北部城市布莱梅的医生，因为治愈了当地的霍乱，获得了极高的声誉。奥伯斯把自己房子的屋顶改造成一个天文台，白天他治病救人，晚上则观测天空寻找彗星。他先后发现了5颗彗星，还发现了2颗小行星。

奥伯斯意识到，看似寻常的黑夜，隐藏着宇宙整体的奥秘。人们通常认为，宇宙是无限大的，存在了无限久，而且里面有无限多的恒星。可是奥伯斯想，如果宇宙真的是那样无限，其后果必然是很麻烦的，会是什么样子呢？奥伯斯说，想象你处在一片树林里，如果树林不大，向远方看去，可以透过树干看到外面的世界；如果是在很大的森林里，任意一条水平方向的视线都会被树干遮挡，向远处望去看到的全是树。

照此推理，一个无限的宇宙布满了无限的恒星，那么投向天空的每一条视线都会遇到恒星，其结果必然是，天空中的每一点都会像太阳一样明亮，那将是一个炼狱般的世界！

对黑暗夜空的种种思考

人类对黑暗夜空的问题已经思考了几百年。比奥伯斯早两个世纪的开普勒也认为，无限宇宙会导致整个天空极其明亮。开普勒认为，黑暗夜空意味着宇宙是有限和有边界的。开普勒设想，在有限宇宙的外围，包围着一圈黑暗的宇宙之墙。

但是有限宇宙面临着明显的矛盾。人们很容易像英国的洛克那样质疑宇宙有限论："如果不假设宇宙是无限的，则我们可以问，如果上帝把人放置在宇宙边缘上，人能将他的手伸出宇宙之外吗？"

公元前 1 世纪，古罗马的哲学家卢克莱修在《物性论》里提到了一个著名的飞矛思想实验：假如一个人旅行到宇宙尽头，使劲掷出一支矛，那会出现什么？只有两种情况，弹回来，或者继续往前飞。无论哪一种，都表示宇宙边际之外都有东西存在——弹回来是有东西挡住了，继续飞是还有更多的空间。卢克莱修认为，这两种情况都说明，宇宙不可能是有限的。

1744年，瑞士天文学家谢诺提出一个看起来很合理的解释。他说，夜空之所以是黑暗的，原因是宇宙空间是不透明的，充满着吸光物质，遥远的星光在中途就被这些物质吸收了，根本到不了地球，从而夜空是黑暗的。

这解释是人们容易想到的，但实际上并没有解决问题。假如宇宙是无限的，即空间无限大，星体无限多，存在的时间无限久，那么即使空间中有吸光物质，也无法使夜空变暗。因为吸光物质吸收光线的同时，也会被光线加热，进而导致自身发光，最终会变得和恒星一样明亮，结果完全等同于这些吸光物质不存在。这就像下雨的时候躲在树下，起先叶子还能保护下面不受雨淋，可是只要下雨的时间足够久，雨水便会从叶子上滴落下来，树叶对雨滴的遮挡吸收作用基本为零。

一个诗人的解释

1848年，一位叫爱伦·坡的美国诗人出版了一本叫《我发现了》的诗，他“决意要谈谈自然科学、形而上学和数学——谈谈物理及精神的宇宙，谈谈它的本质、起源、创造、现状及其命运”，其中就谈到了奥伯斯佯谬，爱伦·坡这样解释：

星星无穷无尽，天空的背景就会呈现出明亮的样子，就像是银河——它们不会呈现点状，在背景中也不会出现一颗星星。因此，只有一种可能，由于恒星的距离实在是太远了，它们发出的光还没来得及到达地球。

极遥远的恒星发出的光还没有来得及到达地球，意味着宇宙并非存在了无限长的时间，这是一个年轻的宇宙——宇宙必然有一个起源！爱伦·坡指出，宇宙起源于虚无，在原始推动力作用下，原始粒子产生，并形成了多样的物质和星系。

宇宙为何起源呢？爱伦·坡把它归因于上帝。对爱伦·坡来说，上帝就是一个诗人，宇宙就是“最卓越的诗”，随着上帝之心的每一次悸动，一个崭新的宇宙将从无到有，又从有到无。那么，上帝之心又是什么呢？爱伦·坡回答说：“就是我们自己。”这样，《我发现了》指出一条爱伦·坡式的道路——由宇宙通向上帝，再由上帝回到心灵。

《我发现了》出版后多年里一直颇受冷落——研究界或者视而不见，拒绝评论；或者认为它是“业余天文爱好者的拼凑之作”；甚至有人将其视为作家神经错乱状态下的一派胡言。一百多年后，它的文学价值得到了高度肯定；更令人惊讶的是，诗中关于宇宙有一个起源的说法竟然也得到了验证，这本书也被誉为“美国天书”。

美国宇宙学家哈里森说："当我第一次读爱伦·坡的作品时，我大吃一惊。一个诗人，不，一个最了不起的业余科学家在140年前就领悟到了问题的本质，而我们的学校仍旧在宣扬错误的观点。"

奥伯斯佯谬其实有一个前提，就是牛顿式时空观：空间是绝对的，无限广阔的；时间是绝对的，无限流逝的；宇宙是静态的、永恒的存在，它已经存在了无限久，而且还会无限久地存在下去。

奥伯斯佯谬实际上暗示了，传统的牛顿宇宙时空观并不可靠，在接下来的新思想和新发现的冲击下，它很快会土崩瓦解，因为宇宙绝非是一个恒定的存在。

第5章 四散奔逃的星系

银河系好像是宇宙的重灾区，
遥远的河外星系唯恐避之不及。

马车夫与观测学家

20 世纪 20 年代的时候，哈勃在威尔逊山可谓如鱼得水。他愉快地驾驭着那台 100 英寸（2.54 米）巨无霸——胡克望远镜，在星云的大海里自由远航，辅助他的是得力助手赫马森。

赫马森完全是半路出家，他比哈勃小 2 岁，出生在一个普通家庭。14 岁时赫马森去威尔逊山参加夏令营，虽然天文台刚刚开始筹建，一片狼藉，赫马森却再也不愿返回学校了。他作为天文台旅馆的一名勤杂工开始了自己的新生活，打扫卫生，照料牲畜。

1908 年到 1910 年间，20 岁不到的赫马森成了一个赶着驴车运货的人，往返于威尔逊山和当地小镇谢拉马德雷，那时候建筑材料和仪器部件主要用这种方式运上山。

天文台首席电气工程师多德有一个女儿海伦和赫马森同岁，每当驴子沿着山顶的崎岖小道从天文台越过深谷时，海伦就会专注地倾听赫马森吆喝驴子的声音。1911 年，赫马森和海伦在庆祝 20 岁生日后不久结了婚。

赫马森发现有一头狮子窜到天文台附近，享用他岳父的山羊，他跟踪这头巨兽，还安装了一个大钢夹子。第二天早晨，他手持猎枪赶到那里，发现空无一物。他抬起头，发现狮子正愤怒地盯着自己，要猛扑下来。赫马森下意识地举起了猎枪，子弹打在狮子瞪大的双眼之间，狮子倒在他脚旁。赫马森扛着狮子，在众人惊诧不已的目光里回到天文台。从此，他获得了“美洲狮屠夫”的称号，同时也成了天文台的看门人。

赫马森抓住近水楼台的机会，很快能够娴熟地操作望远镜，这引起了沙普利的注意，于是开始给沙普利当观测助手。沙普利又把赫马森推荐给台长海耳，这位只上过八年级的观测助手很快被提升为正式职员，后来又晋升为助理天文学家。

哈勃来到威尔逊山后，赫马森成为他的搭档。赫马森非凡的望远镜操作技能和耐心细致的工作态度赢得了哈勃的尊重，尤其是赫马森看着望远镜的神情——100 英寸（2.54 米）望远镜在赫马森眼里简直就是神，容不得丝毫亵渎。

赫马森对哈勃也有非常好的印象。一个暴风雨之夜，赫马森被叫去面见哈勃，哈勃表情严肃地询问赫马森昨晚早些时候去了哪里。赫马森吓了一跳，那时他因为闲着无聊，和几个人打扑克牌，这是严格的海耳台长不容许的，如果汇报上去，他很可能被解雇，但赫马森不愿说谎，坦承了此事。哈勃接下来问赫马森，自己以后能不能也加入玩几手？就这样，他们成了朋友。

哈勃与赫马森搭档，驾驭着 100 英寸（2.54 米）胡克号望远镜，在波涛汹涌的星云大海中扬帆远航。哈勃站在瞭望台上，赫马森为其掌舵。哈勃对星空极为熟悉，他对银河内的气体星云以及河外星系的分布了如指掌，指引望远镜伸向夜空之时，如同领航员引领大船通过变幻莫测的激流和险滩一样，沉着而冷静。随着哈勃把距离标尺一步步外推，胡克号望远镜也一步步地深入到更深远的太空。

哈勃和赫马森的工作，将揭示宇宙最重大的秘密。具体来说，他们要做的主要是下面两个工作：

一是拍摄星系的光谱；

二是测算星系的距离；

然后分析光谱上那一根根黑色的线条是如何随着距离变化的。

泄露天机的光谱线

经常有人提出疑问，天体那么遥远，天文学家们是如何得知它的信息的？几乎所有的信息，都来自天体的光谱线。

早在 1814 年，德国物理学家夫琅和费就发现，太阳光通过三棱镜后形成的绚丽光带里，清晰地呈现许多暗的线条，这些暗线有粗有细，间距有大有小，数量有 700 条之多，简直就是一个复杂的激光条码！

光谱线是什么？它们就是原子的指纹！

光是由原子发出的，每一个原子就像一个小小的无线电发射器，我们看到的光就是原子发出的电磁波。因为原子的能量是量子化的，每一种原子只能发出特定波长的光线，这些特定波长的光线就形成了光谱线。所以，光谱线是元素的特征，每一种元素都有一组独特的光谱线，就像每一个人有一组独特的指纹一样，人们通过辨认光谱线就可以鉴定出其所对应的特定元素。

比如钠原子会发出 589.0 纳米和 589.6 纳米的光，它们形成了两条挨得很近的双黄线（图 5-1 中的 D 双线），如果在光波中找到这样一对双黄线，就可以确定光的来源中有钠元素。

19 世纪，法国哲学家孔德曾经悲观地写道："我们只能远远地靠目视研究恒星……恒星的化学组成是人类绝对不能得到的知识。"然而孔德去世没多久，1859 年，天文学家们就利用光谱化验出了太阳上的钠元素，后来更是拍摄到了太阳的 24,000 多条光谱线，认证出太阳上有 92 种元素，和地球的组成元素完全相同。

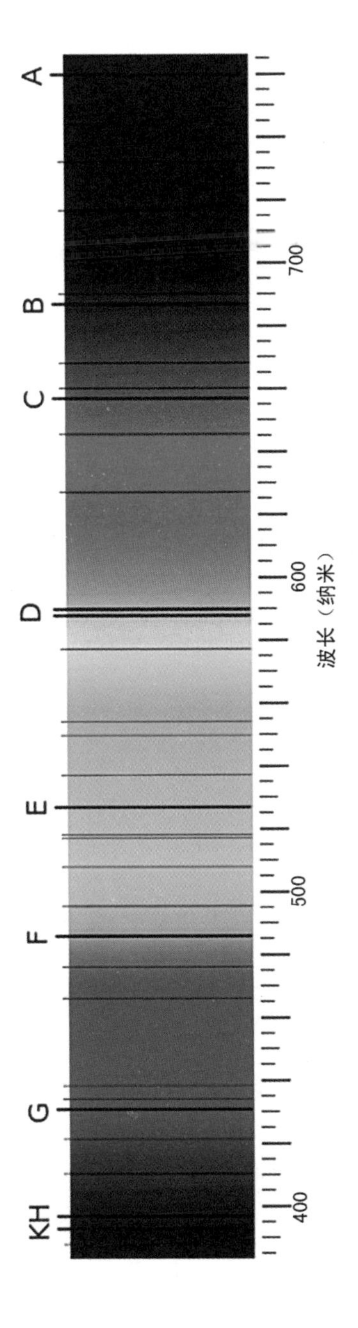

图 5-1　光谱线图像

天文学家拍摄遥远恒星的光谱，发现它们和太阳非常相似，元素组成和含量都差不多。进而对整个宇宙进行分析，发现其组成元素也没有超出这 92 种。

亚里士多德曾认为，大地由土、水、气、火四种元素构成，天体则是由第五种不同的元素——以太构成。现在人们知道，组成天体和大地的物质完全一样，天上地下并无二致，古代天尊地卑思想的物质基础彻底消失。

光谱线透露的信息是全方位的，除了元素组成及含量外，还有磁场、温度、运动速度等，看似缥缈虚无的星光里隐藏着无穷的天机。

多普勒效应

天文学家们常常发现，恒星光谱线的波长和地面实验室光谱线的波长相比，有一种系统的差异，不是偏短（蓝移），就是偏长（红移）。星光是一种电磁波，它的波长为什么会变化呢?

这让人容易联想到多普勒效应。比如在站台上，一列火车快速驶过，它驶来的时候声音越来越尖锐，驶离时则越来越低沉，这就是声波的多普勒效应。声波在空气中的传播速度是一定的，当火车驶来时，声音波长由于声源的移近而变短，频率变高，声音越来越尖锐；当火车驶离时，声音波长由于声源远去而变长，频率变低，声音越来越低沉。

光波具有同样的性质。光在真空中的传播速度是一定的，当光源远离时，接收到的光会因为光源远离而波长增加，频率降低，所有谱线就会整体向红端移动，这称为红移；当光源靠近时，接收到的光的波长会因为光源的靠近而减小，频率会增加，所有的谱线就会整体向蓝端移动，这叫蓝移。

于是，天文学家们只要测量出天体谱线的红移量或蓝移量，就可以知道这个天体的运动速度，这个速度是沿视线方向的，称为视向速度。大多数恒星的视向速度小，不到每秒30千米，少数恒星的视向速度超过每秒200千米。武仙座VX星以每秒405千米的速度向我们飞奔而来，天鸽座BD星则以每秒500千米的速度远离我们而去，它们分别是恒星蓝移和红移的佼佼者。

总体来说，红移的恒星和蓝移的恒星数量是差不多的。

星系红移

可是20世纪初的时候，美国罗威尔天文台的斯里弗却发现，星系的光谱线一边倒地几乎全部呈现红移。

斯里弗是一位来自印第安纳州的农民子弟，总是正经八百的派头，即使在黑暗之中单独一人使用望远镜观测星空时，也穿着笔挺的西装并完美地打着领结。斯里弗先是花了

10年时间观测大行星，使自己的技术臻于精湛，然后开始观测星云——那时候星系也叫星云。

1912年9月17日，斯里弗把装有摄谱仪和照相机的望远镜对准仙女座大星云M31，得到的光谱显示，M31呈现蓝移，正以每秒300千米的速度向地球飞奔过来。接着他又拍摄了40多个旋涡形的星云，得到的结果却很不可思议。与仙女座大星云不同，大多数旋涡星云的光谱呈现红移，表明它们在远离地球而去。根据光谱线红移量的大小，可以测量出运动速度，结果是惊人的，这些太空中的小旋涡以超过每秒1000千米的速度飞驰着远离地球。那时候天文学家还不知道这些小小的旋涡星云到底是什么，当然更不知道它们为什么要纷纷远离。

罗威尔天文台的24英寸（60.96厘米）望远镜聚光能力有限，不能深入到更遥远的太空。面对望远镜视场里那些越来越小、越来越暗，因而也可能越来越远的旋涡形云斑，斯里弗感到力不从心。在为旋涡星云的视向速度顽强奋斗了15年之后，最终在1926年，斯里弗无奈地放弃了这项工作。

在星云的大海远航

威尔逊山的100英寸（2.54米）胡克望远镜比罗威尔天文台的望远镜威力强大得多，哈勃和赫马森驾驭着它，开始在星云世界自由远航。

赫马森负责照相，他把起点放在了斯里弗的终点之外，他挑选了一个距离远得斯里弗不可能拍摄的星云——它足够暗，暗示了足够远。曝光底片花了两个寒冷的夜晚。赫马森很快将放大镜定格在星云中钙离子产生的谱线上，光谱虽然很暗弱，但是一根根谱线还是泄露了秘密，它们有明显的红移。哈勃计算出它远离的速度是每秒 3000 千米，比斯里弗获得的最大数值还大一倍，他们激动不已。

“胡克号”继续向宇宙深处进发。赫马森对室女座里的那个巨大星云团进行了拍摄，获得了更大的红移照片，红移量对应的速度是每秒 3500 千米至 8000 千米。胡克望远镜的高大镜筒从室女座星云团，移向飞马座、双鱼座、巨蟹座、英仙座、后发座，再到狮子座，照相底片上的红移量越来越大，最后不可思议地超过每秒 20,000 千米（见图 5–2）。

正如预期的那样，越是暗弱的星系，红移量越大，也就是远离的速度越快。我们容易想到的是，暗弱的星系距离更远，尤其是形状相似的旋涡星系，应当具有差不多的光度，这样就浮现出一个明显的规律：星系的距离越远，红移量越大。

关键是这些星系的距离是未知的，在测量出具体数据之前，这个红移规律只能是猜想。哈勃接下来的工作，可以帮助我们理解天文学家是怎样一步步测量越来越遥远的天体距离，这是许多人非常好奇的问题。

图 5-2　下边的谱线明显向红端移动，红移量相当于 0.7 倍光速，每秒 2.1 万千米

哈勃对星系距离的测定

本星系群里的星系距离我们最近，其中最知名的星系是 M31、M33，哈勃可以在里面找到造父变星，从而直接测得它们的距离。

室女座星系团远了许多，哈勃无法在里面找到造父变星，怎么测距呢？他注意到旋涡星系有一个共同的特点：旋臂里都有蓝色超巨星，这是星系中最明亮的一类恒星，如同猎户座的蓝白色亮星参宿七。仙女星系 M31 和三角座星系 M33 都是旋涡星系，哈勃在它们的旋臂里也都发现了蓝色超巨星，因为已经有了这两个星系的大致距离，这些蓝色超巨星的真实亮度可以被估算出来。哈勃发现，它们和银河系里最明亮的蓝色超巨星亮度差不多。

哈勃进一步推测，形态相似的旋涡星系，其旋臂里的蓝色超巨星应当都具有相似的真实亮度，这样，哈勃就找到了一个新的标尺——旋臂里的蓝色超巨星。这类星很明亮，比如参宿七的真实亮度是太阳的 5 万倍，比普通造父变星亮几百倍，在遥远的星系里，观测到蓝色超巨星比造父变星容易得多。

哈勃把望远镜对准室女座星系团的旋涡星系，在旋臂里找到了蓝色超巨星，它们的暗弱程度显示出距离的遥远程度。哈勃就用蓝色超巨星这个新标尺，得出了邻近星系团的星系距离。接下来，哈勃把距离进一步外推。利用造父变星和蓝色超巨星，哈勃测得到了大约 1000 个星系的距离——这是一项艰巨浩大的工程。哈勃发现，星系团中最亮的星系，都是外形光滑的巨椭圆星系，比如室女座星系团的 M60、M87 等星系，这种巨椭圆星系的亮度数倍于银河系，而它们本身的光度近似一样。这样，哈勃又得到一把更亮的宇宙标尺——巨椭圆星系，它们看上去的暗弱程度显示出它们距离的遥远程度。这个由数千亿颗恒星点燃的宇宙火炬，把哈勃的视线引向极为深远的太空。

哈勃进军宇宙深处的过程是这样的：

造父变星（标尺 1）→本星系群的星系

明亮的蓝色超巨星（标尺 2）→本超星系团的星系

巨椭圆星系（标尺 3）→更遥远的星系团

用这种方法，哈勃很快就探究到了当时可见的宇宙极限。这一推理极为合理和有效，却并不容易，哈勃警告道：

星系中最亮恒星的辨认并不是件简单的事；从足够远的地方看去，星团会像恒星，亮星云也会像恒星。

哈勃是很清醒的，他本人正如他警告的那样犯了错误。他的第一个错误是，由于对造父变星认识不清，他大大低估了本星系群里的星系距离，结果把仙女星系 M31 的距离缩短到 90 万光年。

哈勃的第二个错误是，他在其他星系里找到的蓝色超巨星，其实都是明亮的星云，这类气体云是由内部的一群亮星照亮的，因此其亮度比单个蓝色超巨星要大得多。由此造成的后果是，哈勃又大大低估了室女座星系团的距离——他得到的距离是 700 万光年，从而使后面环节上所有的距离都被低估。

后来经过巴德、桑德奇等人的修正，M31 的距离扩大到 250 万光年，室女座星系团的距离扩大到 5000 万光年，其余星系团的距离也随之扩大。

现在的天文学家们依然用类似哈勃的方法测定距离，只是精度和范围都大大提高。这样推理的可靠程度如何？英国天文学家霍伊尔在《物理天文学前沿》里这样评论：

每一个环节还是相当精确的；所谓精确，是估计每一环节会有误差，但误差不至于超过 10%。但是，考虑到整个推理过程中有这么多的环节，在最后环节误差累计达到 30% 是可能的。考虑到测量的距离如此遥远，能够达到这样的精度，已经很了不起了。

哈勃定律

哈勃测量的星系距离虽然不算精确，却足以验证他当初的猜想：红移大的星系确实距离更远，红移与距离之间存在线性关系，这就是著名的哈勃定律。哈勃于 1929 年发表的论文，只有短短的 6 页，包含有 46 个星系的红移和距离数值。哈勃和赫马森共同署名，在 1931 年第 1 期《天体物理学杂志》正式发表了“河外星云的速度—距离关系”论文，在 1929 年的论文的基础上，获得了赫马森另外 50 个星系红移数据的支持。

哈勃定律：遥远星系光线的红移量与它们的距离成正比。

因为星系光线的红移量代表了退行（远离而去）的速度，哈勃定律表述的图景是：星系的退行速度和其距离成正比。

哈勃定律为天文学家们提供了一个星系测距新方法——

通过测量红移量来测量距离，红移量越大的星系，距离就越远。比如，一个红移量是每秒1700千米的星系，其距离约1亿光年；一个红移量是每秒17,000千米的星系，因为红移大了10倍，距离就远了10倍，其距离约10亿光年。天文学家拍摄到一个星系的光谱，测定它的红移，然后利用哈勃定律的简单正比例关系，就可以大致估算出这个星系的距离。

哈勃定律是一项伟大的发现。赫马森，一个初中未毕业的马车夫、看门人，和20世纪最伟大的宇宙学发现永远联系在一起。他说：

我始终觉得我非常幸福，因为我的结果——我在这项研究中的作用可以说是基础性的，这是绝不可能改变的，不管人们认为它有什么意义。这些谱线始终处在我测量它们的地方，如果你要用它们或者说要用红移，凡是只要用到它们，这些速度将始终和我测量的一模一样。

遥远的河外星系都在远离我们而去，意味着什么呢？哈勃本人始终很慎重。在1931年发表的长约40页的革命性论文的末尾，哈勃含蓄地写道："本文的作者仅局限于描述视向速度和距离的关系，不愿冒失地解释和评述它的宇宙学意义。"

哈勃不理解他的定律的宇宙学意义是很正常的，正确解释其含义，需要人们对时间和空间的观念来一次哥白尼式的革命。而这个革命刚刚由爱因斯坦完成，他的广义相对论使人类对时间和空间有了全新的理解。

第6章 时空弯曲

空间和时间并非永恒不变的存在。

少年的理想

青年爱因斯坦在瑞士专利局当职员时就做出了惊骇世人的发现，如果看看他从少年时就具有的理想情怀，就知道这结果相当自然。爱因斯坦自述他的世界观时这样写道：

当我还是一个相当早熟的少年的时候，我就已经深切地意识到，大多数人终生无休止地追逐的那些希望和努力是毫无价值的。而且，我不久就发现了这种追逐的残酷，这在当年较之今天是更加精心地用伪善和漂亮的字句掩饰着的。每个人只是因为有个胃，就注定要参与这种追逐。而且，由于参与这种追逐，他的胃是有可能得到满足的；但是，一个有思想、有感情的人却不能由此得到满足。

……

在我们之外有一个巨大的世界，它在我们人类之外而独立存在，它在我们面前就像一个伟大而永恒的谜，然而至少有部分是我们的观察和思维所能及的。对这个世界的凝视深思，就像得到解放一样吸引着我们，而且我不久就注意到，许多我所尊敬和钦佩的人，在专心从事这项事业中，找到了内心的自由和安宁。

……

我从来不把安逸和享乐看作生活目的本身——我把这种伦理基础叫作猪栏的理想。照亮我道路的，是善、美和真。要是没有志同道合者之间的亲切感情，要不是全神贯注于客观世界——那个在艺术和科学工作领域里永远达不到的对象，那么在我看来，生活就会是空虚的。我总觉得，人们所努力追求的庸俗目标——财产、虚荣、奢侈的生活——都是可鄙的。

爱因斯坦的理想和追求结出了硕果，他的广义相对论成为研究宇宙的最有力工具，人类现在关于宇宙和天体演化的很多知识，都来自这个理论。

引力成了时空弯曲

广义相对论要解决的是引力问题，方程是异乎寻常的艰涩难懂，但中心思想出乎意料的简单：引力不见了，取而代之的是空间本身的几何结构。空间、时间和物质难以分开，物质使空间产生弯曲，弯曲使物体运动，看上去就像是有引力拉动物体运动一样。正如相对论专家约翰·惠勒的推广宣传语：

物质告诉时空如何弯曲，时空告诉物质如何运动。

怎样理解空间弯曲呢？

假设有一只蚂蚁，生活在一张弹性薄膜上。此时，一块很重的石头落在薄膜上，把薄膜拉向下方，于是，蚂蚁的空间变弯曲了。蚂蚁有办法知道自己的空间变弯曲吗？假如蚂蚁足够聪明，为了验证膜的形态，它先在膜上方靠外围的区域走一圈，测量出圆圈的周长。然后它从这个圆圈的一边穿过中心点径直爬到另一边，测量出圆圈的直径。如果圆圈的周长和直径的比值正好等于圆周率，即 π，那么它的空间就是平直的；如果它发现圆圈的周长比直径要小得多，它就会知道，它的空间是高度弯曲的。（见图 6–1）

这样，引力就不再被看作物体间的相互作用，而是时空自身的一种几何性质。比如行星围绕太阳公转，按牛顿万有引力思想解释，这是太阳引力的结果，在广义相对论看来，则是太阳的巨大质量使其周围空间产生弯曲，这种弯曲类似于凹陷，行星围绕太阳的运行就像是沿着凹陷面的壁自由滑行，而不再是万有引力下的受迫运动。

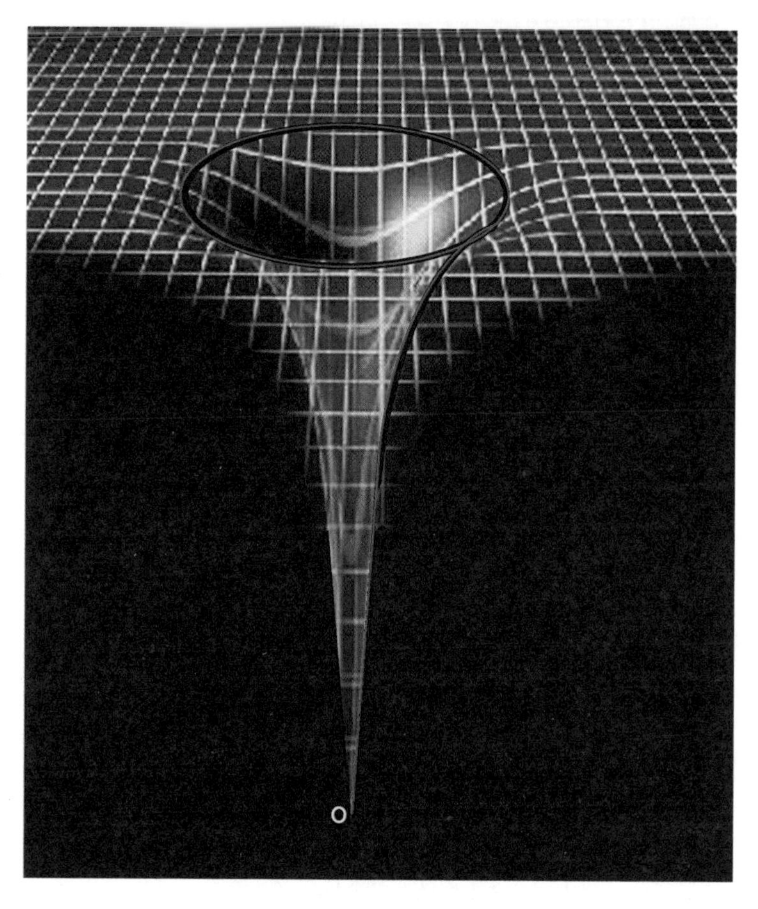

图 6-1　空间弯曲示意图

不单是太阳，所有有质量的物体都会弯曲空间，不过一般物体使周围空间产生的弯曲率很小，不易察觉。爱丁顿计算出，放在圆心的 1 吨质量对半径 5 米处的空间曲率改变，仅仅影响此圆周率小数点后第 24 位。

广义相对论运用了大量艰深的数学知识，充满了深邃的哲学思辨，包含着崭新的物理内容，理解起来相当困难，好在它的预言简单明了，而且恰好有一个理想的实验室可以方便地进行验证——宇宙太空。

水星近日点进动问题

广义相对论的第一个检验是困扰天文学家们半个多世纪的水星近日点进动。

时间回溯到 1859 年。一天，巴黎天文台台长勒威耶，就是在笔尖上计算出海王星的那位天文学家，收到一封信，写信人说自己不久前在太阳圆面上观测到一个黑圆点，似乎是一颗未知行星通过太阳表面。勒威耶欣喜若狂，急匆匆乘着一辆马车，来到那个偏僻小镇探访。那人是一个木匠，看到大天文学家到来，受宠若惊，转身从屋内搬出一堆木板，木板上记载着他的观测记录，上面有勒威耶苦苦寻觅的“祝融星”的身影。

祝融星是勒威耶预言的水内行星。1846 年，勒威耶因为在笔尖上发现了海王星，将牛顿力学推到了顶峰，接下来水星轨道的异常又引起了他的注意。水星在一个偏心率较大的椭圆轨道上围绕太阳运动，这个椭圆轨道有一个近日点，近日点总是在轨道上向前移动，这叫进动。

是外面的金星和地球等对它产生了扰动吗？计算这个问题要比从笔尖上发现海王星容易得多，得到的结果是，由于外面行星的引力摄动影响，水星近日点进动速率应为每百年 5557 角秒，但实际观察的结果是每百年 5600 角秒，多出 43 角秒（见图 6-2）！这个异常虽然很小，但牛顿理论在它运用的领域是如此精确，不能容许出现这样大的误差。有了发现海王星的经验，勒威耶坚信牛顿力学不会有问题，水星内侧肯定还有一颗未知行星存在，正是它的引力影响导致水星近日点进动出现了误差。这颗水内行星肯定很热，勒威耶把它称为火神星。火神星和火星在希腊神话中是两个不同的神，一个是火神，一个是战神，为了不致混淆，中文把火神星翻译成祝融星，祝融是中国传说中的火神。

木匠的发现让勒威耶很惊喜。他根据木匠提供的观测资料，得出祝融星的直径约是水星的 1/4，离太阳约 2100 万千米，绕太阳一周约 20 天，并预言祝融星下一次凌日在 1877 年 3 月 22 日，届时它会从日面上越过，最容易发现它。此外，日全食也是发现祝融星的好机会。1860 年的全日食，勒威耶动员所有天文学家去找寻，并无所得。此后每逢日全食，天文

图 6–2　水星运行轨道的偏移

学家们都会在太阳周围耐心仔细寻找祝融星，始终一无所获。勒威耶在预言中的“祝融星凌日”来临前去世，临终时再三叮嘱人们，千万不要丧失寻找祝融星的信心。1877 年 3 月 22 日这天，无数望远镜对准太阳，却始终不见祝融星的身影。

令勒威耶不曾想到的是，这一次，真的是光芒万丈的牛顿力学出了问题——它只适用于平直空间，在太阳附近稍微弯曲的空间里，它的误差就显现出来了。1915 年，爱因斯坦发表了一篇“用广义相对论解释水星近日点运动”的论文，不用任何特殊假设就完美解释了水星轨道近日点进动，43 角秒的误差彻底消除。

根据广义相对论，质量导致时空弯曲，而弯曲又会相互作用，因为时空弯曲本身就是一种能量，它也会产生自己的引力场，于是导致下一层次的弯曲，这一点是牛顿力学没有的。在远离太阳的地方，空间弯曲导致的差别很小，牛顿力学表现得很完美，但在太阳附近，蕴藏在弯曲空间里的能量会对引力场作出自己的贡献，其结果是，水星受到的太阳引力并不严格遵守平方反比律，这样按照牛顿力学计算的轨道就和真实轨道就有误差了。

日全食验证

广义相对论的第二个验证来自日全食观测。根据广义相对论，太阳对其周围的空间产生了弯曲，弯曲空间会使经过的星光发生偏转。1911 年，爱因斯坦计算出太阳会使经过的星光偏转 0.87 角秒。太阳很明亮，怎么看到它附近的星星呢？有一个好机会就是日全食，月亮把太阳圆面全部遮住，它附近的星星就会显露出来。1914 年 8 月，俄国克里米亚半岛是观测这次日全食的绝佳地点，德国天文学家弗劳因德利希率领一支观测队前去验证，刚到不久，第一次世界大战爆发，德国人被抓了起来，直到交换战俘时才被遣送回德国。

爱因斯坦很幸运，那时他计算的误差太大，只有正确值的一半。1916 年，爱因斯坦把太阳对星光偏转的角度修正到 1.7 角秒。接下来的两三年没有好的观测日全食的机会，那时正在进行第一次世界大战，即使有，也没人会顾得上去观测。1919 年有一次很好的观测日全食的机会，第一次世界大战也刚好结束了。

那次日全食极为特别，似乎专为爱因斯坦准备。发生日全食时，天空并不是全黑的，太阳后面的背景恒星必须比较明亮而密集，才不至于淹没在日冕的光亮中。太阳沿着黄道运行，黄道穿越的星空，只有一个地方最理想，那就是毕星团。它位于金牛座牛脸的部分，是一团明亮的恒星，如果太阳运行到这里时发生日全食是再理想不过了。太阳每年只在一天运行到毕星团，就是 5 月 29 日，而恰巧在这一天发生日全食，几千年才有一次。爱因斯坦的运气好得出奇，1919 年的日全食就发生在 5 月 29 日，而且全食时间长达 6 分钟之久，堪称世纪日全食。

英国人从 1917 年 3 月就开始准备。他们组织了两支考察队，一支去巴西，另一支去西非。去西非的队伍由世界天文学联合会主席爱丁顿率领。5 月 29 日这天，眼看日食时间快到了，天空还是乌云密布。不过，当月球开始遮挡太阳时，云里适时出现了一个洞——爱因斯坦的运气真是好得不行，所有相机纷纷按下快门，观测极为成功。5 个月后，两支观测队的结果归算出来：巴西观测队的结果是 1.98 角秒；西非观测队的结果是 1.61 角秒，和爱因斯坦预言的结果相当接近。

1919 年 11 月 6 日，日全食验证结果公布，爱因斯坦横空出世，谈论相对论立即成了人们的时尚，但真正能理解的人极少。有一个传说，爱丁顿有一次参加完会议，一位物理学家拉住他说："据说世界上只有三个人理解相对论，您一定是其中之一了。"爱丁顿低头不语。那人说："不要过于谦虚嘛。" 爱丁顿摇摇头说："不，我正在想，那第三个人会是谁。"

量子力学之父普朗克非常关心日全食验证的结果，甚至焦虑得整夜睡不着觉。有一次爱因斯坦和史特劳斯谈到普朗克时说："他是个好人，也是我的朋友，但我告诉你，他并不了解物理。"史特劳斯问此话怎讲，爱因斯坦说："1919 年那次日全食，普朗克整夜没睡，想知道光线是否会受到太阳引力场的影响而弯曲。假如他真的搞清楚广义相对论，早就该跟我一样睡觉去了。”这个故事是印度裔美国物理学家钱德拉塞卡听爱丁顿亲口说的。

爱因斯坦环

太阳在宇宙里只是一个小质量天体，对周围空间产生的弯曲是很轻微的。宇宙里有很多极大质量天体，对空间的弯曲要大得多，甚至能够像透镜那样使经过的光线明显汇聚，这就是引力透镜现象。

引力透镜现象有时候会非常明显，甚至可以把遥远背景星体的影像弯曲形成一个环，这就是“爱因斯坦环”（见图 6–3）。2007 年，哈勃太空望远镜拍摄到一个遥远的爱因斯坦环，称为“宇宙之眼”,位于宝瓶座。在这个爱因斯坦环里，一个 38 亿光年远的星系（位于圆环中央）起到了透镜作用，把周围的空间大大弯曲。它后方 121 亿光年远的地方有一个星系，后方星系的光芒经过前方星系时，光线被空间弯曲到前方星系的周围，并汇聚起来，这样看上去就形成了一个明亮的圆环。

图 6-3　爱因斯坦环

引力红移与时间变慢

广义相对论还有一个预言是引力红移，即从大质量星球发出来的光，在挣脱引力场的过程中，光子能量降低，波长变长，谱线就向红端移动了。

引力红移的实质是时间变慢，大质量星球强大引力造成的空间弯曲的同时，使得时间的流逝也变慢，天体表面原子发出的光波周期会变长，波长变大，因此产生了红移。

这样，不同质量的天体附近，空间弯曲度不一样，时间的流逝速度也不再一致了。在太空的观察者看来，产生引力场的天体附近传来的光线会发生红移，那儿的事物发展的速度会变慢；而在位于引力场之中的观察者看来，太空传来的

光线会发生蓝移，那儿事物发展的速度会变快。（见图 6–4）

设想我们在一个弱引力星球上观察一个强引力星球表面，假设一个很极端的情况：光波从强引力星球到达观察者，波长增大了一倍。这样，该强引力天体表面的原子振动速度就比太空其他地方慢一半，天体表面所有事物的发展速度看起来也都慢了一半。如果它上面的人用无线电跟我们交流，他的嗓音会很低沉，语速也会慢很多，就像在呜咽；如果那人在那个星球活到了 80 岁，在我们的时间里，那人则活到了 160 岁。

反过来考虑，设想我们在那个强引力星球表面观察，弱引力星球传来的辐射就会因为我们星球的强大引力发生蓝移，波长变为原来的一半。弱引力星球上的时间流逝速度比我们快了一倍，如果它上面的人用无线电跟我们交流，他们的音调都会很高，语速很快，叽叽喳喳地响。一个在他们时空里活到 80 岁的人，在我们看来只活了 40 岁。1959 年，哈佛大学的两位科学家利用校内一座 22.3 米的高塔，分别在塔顶和地下室测量时间的流逝速度。因为地下室更靠近地心，引力更强，结果其时间流逝速度比塔顶每天慢了 210 万亿分之一秒，这和广义相对论的计算预言符合得非常好。

太阳的空间弯曲形状

除了借助宇宙天体，人类还设计实验，来验证空间弯曲

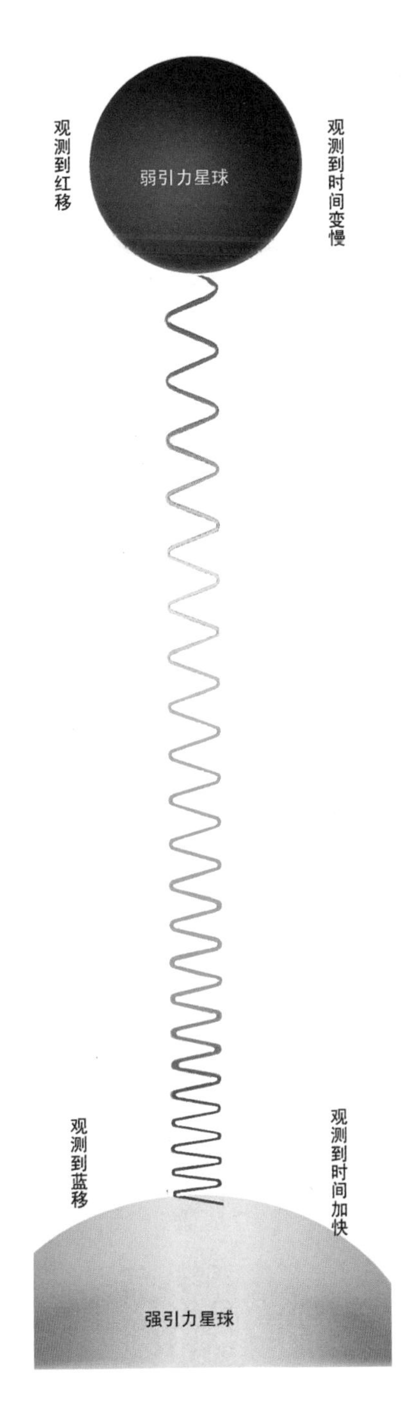

图 6-4　引力红移

的情况，这在广义相对论发表60年后得以实现。

1975年，美国分别发射了“海盗1号”和“海盗2号”火星探测器，它们于1976年着陆于火星。1976年至1977年，哈佛大学的罗伯特·艾森伯格和欧文·夏皮罗领导的一个小组，向“海盗1号”和“海盗2号”发送无线电信号。它们收到信号后将其增强，再将新的信号发送回地球。这样，就可以测量信号发出和返回的时间间隔。由于地球和火星在各自轨道上环绕太阳公转，所以无线电信号所经过的路径是变化的。

如果空间是平直的，那么信号往返花的时间就应该是稳定渐变的，但事实上并非如此，当无线电信号近距离经过太阳时，花费的时间比预期陡然增长几百微秒。这意味着那里的空间比看起来的要远，用光速乘以几百微秒，计算出的距离大约为50，就远这么多——太阳对空间造成的弯曲是50千米。（见图6–5）

随着空间飞行器与太阳、地球的相对位置变化，艾森伯格和夏皮罗还推断出了空间弯曲的形状，其结果与相对论的预言十分吻合。

广义相对论使人们更深刻地理解了空间与时间的本性，它们并非如经典时空观理解的那样，是独立的不变的存在，而是会随着物质一起演化。有了这个基础，我们就可以很好地理解哈勃定律揭示的宇宙图景了。

图 6-5　测量太阳对空间弯曲的实验

第7章 膨胀

宇宙膨胀会让我越来越胖吗？

伟大的会面

1930年的最后一天，“贝尔根兰德号”豪华游轮停靠在美国西海岸圣迭戈码头，元旦新年的华丽装饰与之相比也骤然失色，就连帕萨迪纳玫瑰碗年度美式足球赛也罕见地被夺去了光彩，媒体和公众的注意力都被游轮上的一位著名人物吸引了。

爱因斯坦夫妇结束了在“贝尔根兰德号”那3间布满鲜花的特等舱里长达一个月的海上航行，走下游轮。获得特许的100名记者和摄影师立即包围上去。在一刻钟内，爱因斯坦被要求用一个词定义第四维，用一句话说明他的相对论，发表对禁酒的观点，对宗教的看法，对时事政治的评论，以及他的小提琴的优点；接下来是追求亲笔签名者、东道主人民、神魂颠倒的妇女以及形形色色的怪人从四面八方围住他。

爱因斯坦那忧郁的褐色眼睛，从前额向后梳着的散乱白发形象立即红遍美国的大街小巷。

爱因斯坦此行的主要目的地之一是威尔逊山天文台，那里刚刚完成一项宇宙学重大发现——哈勃定律。哈勃是伟大的宇宙观测学家，他本人尚不明白自己定律的意义；爱因斯坦是伟大的宇宙理论学家，他深知这个定律揭示的宇宙学意义。他们两人的工作将颠覆有史以来所有人类对宇宙的认知，并带给人类全新的宇宙图景。

那时通往天文台的道路曲折泥泞，人员上山和货物一样搭乘货车，这被认为对爱因斯坦很不合适。一向以吝啬出名的台长亚当斯专门购买了一辆大型豪华游览车，身材矮小的爱因斯坦坐在后部皮座中央，哈勃和亚当斯陪坐在左右两边。

午宴后，爱因斯坦来到了100英寸（2.54米）胡克望远镜圆顶室，瞻望这架巨大的天眼。在现场人们惊讶慌张的注视下，爱因斯坦爬上望远镜高高的钢架，兴致勃勃地向大家讲述望远镜每样设备的用途，这再次让大家惊讶，即使对一名训练有素的天文学家来说，这也不是简单的事情。爱因斯坦的夫人埃尔莎被告知，胡克大望远镜主要用来测定宇宙的结构，她立即回答："哦，就是我丈夫在旧信封背面做的那种工作。"

夜幕降临，繁星闪烁。爱因斯坦用胡克望远镜观测了木星、火星、爱神星，好几个星云，以及天狼星的伴星。爱因斯坦对这最后一个天体特别感兴趣，因为它的光谱照片证实了相对论的引力红移预言，并由此导出了这颗恒星令人吃惊的密度——1 立方厘米超过 1 吨！直到夜里 1 点钟，爱因斯坦才恋恋不舍地离开圆顶室。

在另一个黑暗的冬夜，爱因斯坦乘车去威尔逊山南部一片平坦的原野，那里有迈克尔逊著名的测量光速装置，早已退休的迈克尔逊专程赶赴那里与爱因斯坦会面。迈克尔逊向爱因斯坦展示了自己测量光速的装置：一个有 32 块镜面的反射镜高速旋转，光线在长达 1 英里的真空管里来回反射。迈克尔逊是爱因斯坦崇拜的英雄之一，他所测量的光速，以及失败的"以太漂移"实验，正是狭义相对论的基础，但眼前的迈克尔逊老迈而且病态。迈克耳逊望着眼前的科学巨人，也是感慨万千，他至今心中依然怀疑甚至有些厌恶相对论。在这个神秘而荒凉的地方，尽管夜晚寒冷，两个科学伟人都不急于离去。几个月后，迈克尔逊在帕萨迪纳去世。

最后，爱因斯坦在加州理工学院做了演讲，宣称放弃自己坚持的稳恒宇宙思想，哈勃有关星系红移规律的发现，实质上表明了宇宙在膨胀！

爱因斯坦的声明震惊了所有天文学家，也使在场的新闻媒体感到错愕，那时虽然哈勃定律已经发表，人们对宇宙膨胀这样的观念还是感到非常茫然。爱因斯坦的声明使哈勃立即成为众星捧月式的人物，他的哈勃定律是 20 世纪最伟大的宇宙学发现！威尔逊山也从一块天文学家的宁静之地，很快变成一个喧闹的旅游胜地。在晴朗的星期天和假日，参观人数一下子从几百人增加至数千人。那些日子里，宇宙膨胀甚至成为美国街谈巷议的主要话题。

爱因斯坦的宇宙模型

爱因斯坦是从1916年开始将广义相对论运用于宇宙学研究的。1917年，他发表了第一个具有现代意义的宇宙模型——一个有限无边界的宇宙。在这个宇宙模型里，现实的三维空间是无界的，它既没有中心，也没有边界，无论向哪个方向走都永远走不到尽头。但是，由于宇宙中到处充满着物质，这就存在引力场，根据相对论，宇宙的三维空间是弯曲的，爱因斯坦认为一个有曲率的三维空间是一个有限空间，因而宇宙是有限的。

为了帮助人们理解这个有限的宇宙，爱因斯坦举了一个生动的例子。在一个球的表面上有一只充分压扁的臭虫，它是二维的，身体没有任何厚度。这只臭虫可能有足够的理智，会写书，能研究二维世界里的物理学，但它所处的宇宙是一个二维空间的宇宙，凭它的直觉和想象，不可能理解第三维。它在整个球面上，可以向任何方向爬行，却永远都爬不到尽头，也找不到哪里是宇宙的中心，因为球面上并没有一个中心。

但是从三维空间看，它所处的宇宙显然是一个有限的弯曲的二维球面。

爱因斯坦写道："人和这只不幸的臭虫的遭遇完全一样，处在这样的情况中，只有一点区别，那就是人是三维的。对于他来说，第四维只是在数学上存在着，他的理智不能理解第四维。"

然而，爱因斯坦不安地发现，这样的宇宙有一个严重问题，它是不稳定的，这也是牛顿曾意识到的问题。由于物质引力的存在，宇宙就如同针尖竖立在针尖上一样不稳定，假如某一时刻有一个非常微小的扰动，比如某种原因使宇宙略微变小了一点，宇宙中所有物体之间的距离都将略为缩短，从而引力增强，这又会促使宇宙进一步收缩，并将一直收缩下去。反过来，静态宇宙一旦有一个微小的膨胀，也会一直膨胀下去，宇宙难以保持稳定。爱因斯坦向天文学家求证宇宙是不是动态的，所有的天文学家都告诉他宇宙是静态的。爱因斯坦被迫作出选择，他违反自己的直觉，引进了一个"宇宙学常数"因子来修正他的方程。这个常数项表现为一种斥力，以抗衡引力，起到了负物质的作用，这样，爱因斯坦得到了一个静止的宇宙。

对星系红移的预言

同样是用广义相对论研究宇宙，爱因斯坦因为添加了常数项而得到了一个静态的宇宙，但德西特、茨维基、弗里德曼等人得到了不同的结果，并且预言出了类似哈勃的红移定律。

德西特是和爱因斯坦同时代的广义相对论专家，给人的印象总是显得滑稽好笑，心不在焉，但他的思维极其敏捷，具有卓越的创造力。德西特推测，在宇宙空间广阔的距离上，会有时间变慢的效应，距离越远，时间变慢得越明显，这称为德西特效应。因此，当光从遥远的空间射来时，因为时间变慢的缘故，光波频率降低，波长相应变长，就发生了红移，而且红移量直接正比于发射天体和接收天体之间的距离，这正好与哈勃定律相符合。但是在这个版本的解释中，宇宙并没有膨胀。

比利时的茨维基是爱因斯坦在苏黎世的同学，也是一个特立独行的人，有着侏儒般矮小的身材，魔鬼般翘起的眉毛，以性格暴躁而闻名，发表观点时总爱夸张地挥舞双臂，如同风车般旋动，甚至有人称他为疯子。他既不赞同爱因斯坦，也不赞同德西特，并且认为真正理解相对论的是他自己而不是爱因斯坦。茨维基于 1929 年提出理论说，光子在从遥远的星系射向地球的旅途中受到了引力的拖拽，能量损失，波长变长，从而造成了红移；天体越遥远，光子受到引力的拖拽越大，能量损失越多，波长变得越长，红移也越大，其结果也符合哈勃定律。茨维基的理论又称为“疲劳光”理论。自茨维基以来，不同版本的“疲劳光”理论已经复兴多次。据这个版本的解释，宇宙也没有膨胀。

俄罗斯的亚历山大·弗里德曼 1888 年出生于圣彼得堡。1922 年，弗里德曼发现了广义相对论引力场方程的一个重要解，这个解表明宇宙在膨胀，膨胀会导致远方的星系发生红移。弗里德曼甚至指出，膨胀的宇宙很可能源于一个奇点。弗里德曼还第一个认识到，单靠广义相对论不足以得知真实宇宙的几何情况，因为它可以有很多种解，究竟哪一种正确，必须根据观测事实来验证。

德西特、茨维基、弗里德曼等人预言出了星系红移，但红移的原因各不相同，究竟谁才是对的呢？

爱因斯坦宇宙观的转变

多年来，包括哈勃在内的大多数天文学家几乎没有人注意到爱因斯坦、德西特、茨维基、弗里德曼等人，他们那些深奥的数学几乎搅晕了每一个人。不过，当爱丁顿出版了《相对论的数学原理》后，情况开始发生变化。这位受人尊敬的物理学家洞察深刻，他认为无论是爱因斯坦的宇宙学常数，还是德西特的空间导致时间变慢、茨维基的光疲劳学说，在本质上都不具有吸引力，臆想的成分居多，并没有太多证据。

很长时间内，爱因斯坦坚持自己的静态宇宙观念，他认为弗里德曼关于宇宙膨胀的解释是“可疑的”。1922 年 9 月，爱因斯坦发表了一篇文章，提出弗里德曼的推导过程可能存在一个数学错误。弗里德曼给爱因斯坦写了一封长信阐述自己的推导过程，爱因斯坦发现其正确无误，便又发表了另一篇文章，承认弗里德曼结果的数学正确性，不过他怀疑“这个解没有物理意义”。1927 年，爱因斯坦见到大力宣扬宇宙膨胀观的人——比利时的神父勒梅特时，他依然称膨胀宇宙的想法是“令人厌恶的”。

当哈勃的观测结论出来后，爱因斯坦很快意识到，哈勃发现的星系红移，正如弗里德曼利用广义相对论预言的那样，是宇宙膨胀导致的结果！爱因斯坦终于宣称放弃自己坚持的稳恒宇宙思想，并认为自己添加宇宙学常数的做法是“一生中最大的错事”。

宇宙膨胀的本质是空间膨胀

我们来看哈勃定律揭示的宇宙图景。遥远的河外星系都表现出红移，距离越远，红移越大。这是一幅极为独特的图景，爱丁顿曾经说，就像我们的太阳系是宇宙的疫区一样，大家避之唯恐不及，纷纷远离；它还造成了一种印象：我们似乎位于宇宙的中心。

很明显，这幅图景只能是一种假象，不可能是星系本身的真正运动。每个星系确实都在运动，但在大尺度上，它们的运动几乎是随机的，也不会随着距离的增加而增大。以我们为中心的星系远离运动是如此协调一致，它必定是由某个单一因素导致的。

让我们回想一下地球上星空的周日视运动——天上的星星都非常整齐地围绕着地球东升西落，周期几乎完全一致。地心说体系把这种运动解释为星星本身真的在围绕地球运动，而事实是，只要地球自转这一个因素，就解释了所有星星的周日视运动。

哈勃定律揭示的星系协调一致的远离情况与此类似，也必然由某个单一因素引起，这个因素是什么？

在广义相对论给出新时空观以前，哈勃定律不可能得到真正的解释。广义相对论告诉人们，空间—时间并不是脱离物质独立存在的东西，它们本身会弯曲，会膨胀，会收缩。这样就容易明白，哈勃定律表明的宇宙膨胀，实质是空间本身在膨胀！

空间膨胀了，处在空间里的星系距离就相互远离了，就呈现出红移。

天文学家常用吹气球来比喻宇宙空间的膨胀。想象一个气球，上面画着一个个星系，当气球被吹大时，星系与星系之间的距离也变大了；在其中任何一个星系上看其他的星系，那些星系都远离而去，并没有一个中心存在。（见图 7-1）

图 7–1　科学家用吹气球来比喻宇宙空间膨胀

不过这个比喻有一个严重缺陷，气球吹大时，气球上的星系会随着气球的膨胀而变大，但是宇宙空间的膨胀不会导致星系变大，因为星系内部物质之间有引力维系着。太阳系、行星也是一样，它们的尺度不会随着空间的膨胀而膨胀，因为这些星球自身万有引力的效果远远超出宇宙膨胀的影响。

物体和生命更不会随着宇宙膨胀而膨胀，因为它们的形状靠自身的原子和分子间的电磁力维持着，这些电磁力的效果也远远超出了宇宙膨胀的影响。

如果所有物体都随着空间一同膨胀，我们也就无从得知宇宙在膨胀了。

空间膨胀在非常大的宇宙结构上，比如超星系团以上才有显著影响。

因此，像身体变胖这样的事情，绝对不能在宇宙膨胀上找原因！

另一方面，你完全可以放心，宇宙膨胀绝对不会让你变胖。

三种红移

至今仍有很多对宇宙膨胀的质疑声音。如果要否定宇宙膨胀，就需要否定上述对红移的解释。星系红移是宇宙膨胀的最有力证据之一，当今时代也有不少反对宇宙膨胀的人，他们对红移的解释基本上没有超出德西特和茨维基的版本。

事实上，天文学家们已经把红移分析得相当清楚。红移有三种：引力红移、多普勒红移、宇宙学红移。

引力红移是广义相对论得出的一个结论。从天体发出的光子，会因为引力的作用损失能量。光子的能量与频率成正比，随着光子的能量降低，其频率也会降低，因此，光线在远离天体引力场的过程中波长会有所增加。天体的密度越大，引力红移的效应越明显，比如白矮星和中子星产生的引力红移就相当明显。但对于大质量星系和星系团来说，其密度很小，产生的引力红移量也很小，完全不能解释哈勃定律中的红移。

多普勒红移是天体自身在空间中的相对运动产生，这称为天体的本动。无论是恒星在星系中的本动，以及星系在星系团中的本动，速度都远远小于光速，因此其产生的红移量都非常小，根本不是哈勃定律中的那种红移。而且天体在空间中的本动方向各异，不仅可能远离，也有可能靠近，不仅产生红移，也产生蓝移。

宇宙学红移是空间膨胀的结果。想象一个遥远星系发射的单一波长的光，当它向我们运动而来时，它经过的空间膨胀了，所以光的波长拉长了，于是红移就产生了。星系的光通过的空间路程越长，膨胀就越明显，红移就越大，这就是哈勃定律揭示的宇宙图景。（见图 7–2）

天文学家们测量到的星系红移就是宇宙学红移、多普勒红移、引力红移交织在一起的状况。我们可以想象这么一幅图像：光线从若干亿光年之外的某个星系团发出，被地球观测者接收。这过程中造成的红移或蓝移有：光线在离开那个星系团时，受到恒星和星系团的引力吸引产生初始引力红移；发光恒星和星系团本身的运动会给光线带来初始多普勒红移或蓝移；光线在宇宙空间中穿行，获得空间膨胀导致的宇宙学红移；观测者本身以及银河系、本星系群等也在运动，它又赋予光子一个多普勒红移或蓝移；光子来到银河系到达地球，受到银河系的引力作用又产生了引力蓝移。

天文学家的众多技能之一就是要从中找出其中的宇宙学

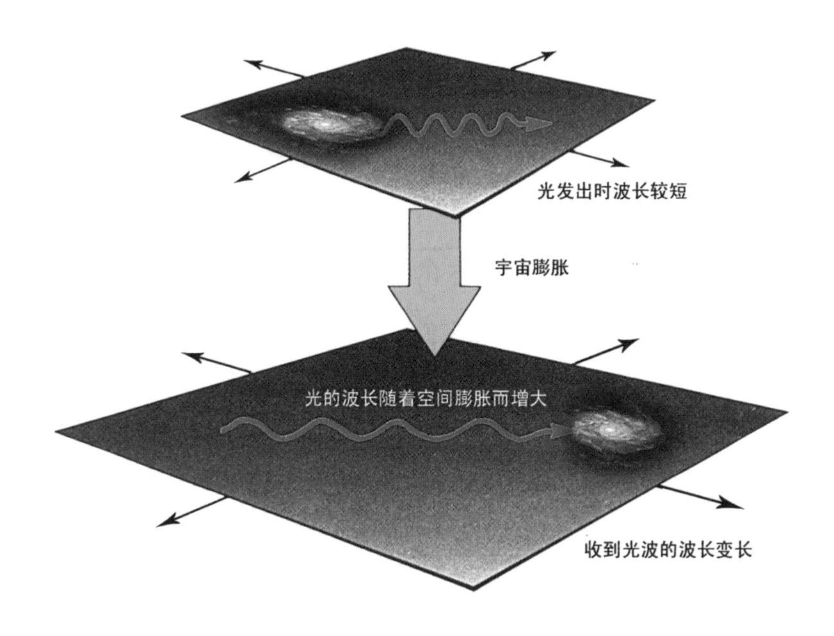

图 7–2　宇宙学红移：星系发出的光，随着空间膨胀波长被拉伸，从而表现出红移

红移。这最初看起来麻烦透顶，其实在大多数情况下，宇宙学之外的那些红移或蓝移都非常小，根本无关紧要。比如，光线进入银河系并投射到地球表面的过程中，受到银河系天体引力吸引，导致产生了 0.001 的蓝移，它和远方星系的宇宙学红移相比完全可以忽略不计。

宇宙学红移与宇宙膨胀程度

由于星系的宇宙学红移是由宇宙的膨胀导致，这个红移量就反映了宇宙膨胀的程度。比如，类星体 3C273 的红移为 0.16，它的退行速度是每秒 4.8 万千米，距离 20 亿光年，宇宙尺度自该光线发出到现在就膨胀了 16%；类星体 3C48 的红移为 0.37，它的退行速度是每秒 11 万千米，距离是 42 亿光年，宇宙尺寸自该光线发出到现在已经膨胀了 37%。

2007 年发现的 Abell 1689C3 星系的光谱中，有一条氢原子的谱线，标准波长是 0.1216 微米，实际测量到的波长变成了 1.259 微米，红移量高达 9.35，从紫外波段位移到了近红外波段，宇宙尺寸自该光线发出到现在已经膨胀了 935%，天文学家宣布它的距离是 135 亿光年。

135 亿光年的意思是，这些星系的光子已经在宇宙中旅行了 135 亿年，因而它们旅行的距离是 135 亿光年，但这既不是光子发出时星系与我们的距离，也不是现在这个星系与我们的距离。因为宇宙在膨胀，自光子发出以来，星系已经远离而去了许多，它“现在”与我们的距离已经超过了 300 亿光年。我们现在能够观测到的最遥远光线来自 138 亿年前，这些来自宇宙最初的光线旅行了 138 亿光年的距离来到我们这里，但我们可观测到的宇宙半径不止 138 亿光年，而是约 460 亿光年，这就是宇宙在 138 亿年间不断膨胀的结果。我们的可观测宇宙是一个半径约 460 亿光年的球，但这绝不是宇宙的全部，因为可观测宇宙只是宇宙的一部分。宇宙究竟有多大，究竟是有限还是无限，目前还是一个未知的谜，也可能是一个永远的不解之谜。

第8章 追溯时间的源头

根据宇宙膨胀的速度，
天文学家们可以追溯到宇宙的起源。

1654年，爱尔兰一位大主教厄舍尔通过考证《圣经》，得出宇宙创生的时间是在公元前4004年10月26日上午9点。这是怎么来的呢？

《圣经》第一章里记载着上帝用六天时间创造宇宙万物，并且在第六天创造了人的先祖亚当和夏娃。从亚当和夏娃开始的一代代族谱记载得很完整，其中有挪亚、亚伯拉罕、摩西、大卫、所罗门这些耳熟能详的人物，最后是耶稣，而推定的耶稣诞生年份就是公元纪年的起始。这样推出的宇宙无疑是非常年轻的，只有六千多年，在很长的时间里，很多人都持有这样的信念。开普勒曾说上帝等了6000年才遇到了自己这样一个懂他的人，自己的书等它100年再遇到知音也很正常，

6000年之说就基于此。

相比较而言，盘古就古老得多，这传说可以把地球的年龄上推到大约3,267,000年以前。三百多万年对于古代人来说古老得难以想象，但在1862年，英国物理学家开尔文提出，仅仅是地球从早期炽热状态中冷却下来，就需要几千万年，他花了35年时间反复考证，直到1897年才把地球年龄确定为2400万年。

大多数欧洲人觉得这年龄大得离谱，离经叛道，但也有少数科学家还是认为它太短。放射性元素的发现，为测定地球年龄提供了精确方法，铅是铀放射衰变链中的最终产物，岩石中铅和铀的含量比就是一座天然时钟，可以用来测定岩石的年龄，到20世纪50年代，科学家们确信地球的年龄大约为46亿年，太阳的年龄大约为50亿年。

哈勃常数与宇宙年龄

在另一个领域，天文学家们也开始测定宇宙的年龄。这项工作初看起来毫无头绪，无从下手，其实宇宙年龄的奥秘就隐藏在哈勃定律之中。

哈勃定律说，星系的退行速度与距离成正比，比例系数是哈勃常数，就是宇宙膨胀的速率。所以就有一个很简明的思路：

哈勃常数越大，宇宙膨胀得就越快，它从极小的开端膨胀到现在的尺度需要的时间就越短，它的年龄就越小；反之，哈勃常数越小，宇宙膨胀得就越慢，它从极小的开端膨胀到现在的尺度需要的时间就越长，它的年龄就越老。

这样，利用哈勃常数就可以求得宇宙的大致年龄。

那么，宇宙现在的尺度如何界定呢？

根据哈勃定律，距离越远的星系，其退行速度越快，远到一定距离，退行速度就达到光速，超过这个距离，退行速度就大于光速，我们也就看不到它了。退行速度达到光速的那个球面，就是我们视线的边界——宇宙视界，即宇宙的地平线，就是我们可观测宇宙的尺度，又称为哈勃球。（见图 8-1）

紧接着，你很可能会产生下面的几点疑惑，可能会觉得有些烧脑：

第一，可观测宇宙之外有没有星系？当然有，可观测宇宙只是宇宙整体的一部分，哈勃球只是我们宇宙的视线边界，真实的宇宙没有边界，也就不会终止于哈勃球处。

第二，哈勃球边界处是不是只有光？当然不是，那里和我们附近并没有任何不同之处，从那里遥望我们这里，我们也处于他们的哈勃球边界上，正以光速远离它们。还记得哥白尼原理吗？宇宙中的任何地方都不特殊，都有相同的定律，都会看到相同的宇宙图景。

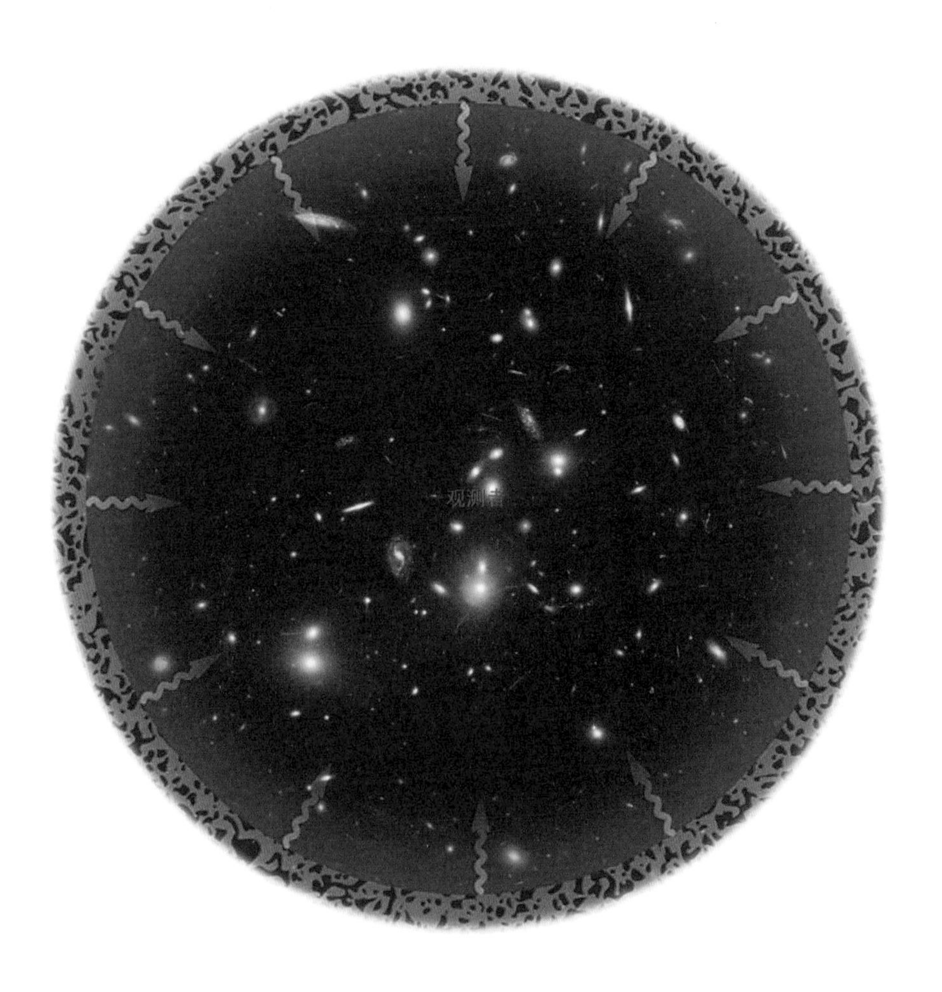

图 8-1　退行速度达到光速的那个球面，就是可观测宇宙的视界，也称“哈勃球”

第三，哈勃球外面还有无数的星系，它们岂不是比宇宙更古老？并非如此。宇宙自诞生以来的时间，就是光在宇宙中运行的时间，假如宇宙是在 138 亿年前诞生，那么期间光传播的最大距离就是 138 亿光年。哈勃球之外的星系我们现在看不到，因为它们的光也只传播了 138 亿光年，还没有到达我们这里。随着时间的推移，现在位于哈勃球外的星系光芒会逐渐传递到我们这里，我们看到的宇宙也会越来越大。

第四，宇宙怎么可能比可观测宇宙还大？要知道光线自创生以来才走了这么远。答案是，宇宙在创生的最初经历了一次极为快速的暴胀，其速度远远超过了光速。

第五，宇宙视界外的星系，运动速度怎么能超过光速呢？答案是，这并不是星系本身在空间穿行，而是空间膨胀导致的远离运动。空间膨胀不受狭义相对论制约，因而退行速度没有限制，无穷远处星系的退行速度可以是无穷大。常有人把退行的星系想象成射出的子弹一样穿越空间运行，这就误解了退行的本质。

这样，测定宇宙年龄，就转变为测定哈勃常数，由此得到的年龄称为宇宙的哈勃年龄。

哈勃 1929 年给出的常数值是 500。其含义是，星系的距离每增加 100 万秒差距（326 万光年），星系的远离速度就增大 500 千米每秒。以这样的速率，增加到可视宇宙边缘的光速（每秒 30 万千米），需要 600 个距离单位，即 600 个 326 万光年，由此得出可观测宇宙半径约 19.6 亿光年，宇宙哈勃球处的光旅行到我们这儿花费的时间就是 19.6 亿光年，这就是宇宙年龄。

哈勃常数的测量说起来很简单，因为它只和两个量相关：

一是星系远离速度（红移量）；

二是星系的距离。

红移量是相对容易测定的，拍下星系的光谱就可以了，天文学家可以把红移值测得非常精确。但测量远方星系的距离却是一件很难的事情。哈勃就因为大大低估了星系的距离，因而给出的常数值太大，得到的宇宙年龄太小。此后的半个多世纪里，精确测定哈勃常数，成为天文学家们的伟大目标，帕洛马山的 200 英寸（约 5.08 米）海耳望远镜，成为继威尔逊山胡克望远镜之后，天文学家们最有力的测量武器。

帕洛马山的星空

在 20 世纪 20 年代的时候，要建造一台 200 英寸（约 5.08 米）口径的望远镜超出了几乎所有人的想象，但雄心勃勃的海耳把它付诸实施。望远镜的建造历时 20 年之久，1948 年 6 月 3 日举行落成典礼。海耳未能亲睹这一伟大杰作，他于 1938 年离世，望远镜被命名为海耳望远镜以纪念他。望远镜本身自重达 500 吨，但由于极其精密，用一个大小和功率类似于电风扇的马达就能轻松使它转动。

这一年哈勃已过 60 岁，脸上刻满了线路图般的纹路，但依然工作勤奋，即便暴风雨来临，他还是按计划向山上前进，因为天空总是有变晴的可能。有一次大雪封山，哈勃在帕洛马山坡底下把汽车装上防滑链，强行通过刺眼的积雪到达山顶，结果发现铁大门锁着。看守人没有想到这时候会有天文学家上山。年迈的哈勃敏捷地爬上一个巨大的雪堆，越过 2 米高的围墙进入院内。就在哈勃雄心勃勃地继续向宇宙深处遨游时，却在 1953 年 9 月 28 日突发心脏病离世，28 岁的艾伦·桑德奇继承了他的事业。

桑德奇于 1926 年生于美国的艾奥瓦，小时候笃信宗教，对自然充满敬畏之情，周日他的父母往往起得晚，他就独自早起去教堂。9 岁那年，桑德奇在一位朋友家用望远镜观看了星空，从此立志成为天文学家。1948 年大学毕业后，桑德奇成为加州理工学院天文系录取的五个研究生之一，帕洛马山上的海耳望远镜就归属于加州理工学院。

那是一个激动人心的时代。宇宙学无论在理论上还是观测技术上，都有了突飞猛进的发展，科学有望揭示宇宙巨大的甚至是最终的奥秘，桑德奇成为有史以来第一个从事测定宇宙的年龄乃至未来命运的人。

海耳望远镜的观测条件比威尔逊山 100 英寸（2.54 米）胡克望远镜舒服了许多，观测者可以待在 200 英寸（5.08 米）

望远镜的主焦点上——在反射镜面上方的一个“笼子”之中。在漫长的冬夜里，笼子里相当冷，桑德奇这一代有了“二战”期间为飞行员研制的电加热飞行服。在笼子里的主要问题是上厕所不方便，因此观测者们都得能憋尿，桑德奇以此著称，他可以待在主焦笼里14小时不下来，那是整整一个冬夜的时间。观测者胸前是固定照相底板的地方，装上底片后观测者小心地转动着控制旋钮，把望远镜指向预先选好的观测目标。每个观测者都有一个目标清单，在宁静的暗夜里，观测者会选择一些最难观测的暗弱目标，比如一个远方的星系，进行长时间的曝光，这期间除了偶尔调整一下瞄准外，观测者不做什么事情。观测助手会打开音乐，观测者看着星空，听着音乐。到预定的曝光时间后，观测者取下底片放入盒中，把望远镜指向下一个目标，换上新底片，如此循环，直到曙光初现。

海耳望远镜犹如一个巨大的时光穿梭机，那大大张开的镜头在星光下放射着珍珠般的光彩，指向遥远的太空深处和古老的宇宙早期，望远镜的主焦笼就像驾驶室，桑德奇坐在里面，徜徉在时空的海洋中。

这实在是极为奇妙的体验。所有的灯光熄灭，望远镜的巨大反射镜就在下方，它反射出的灿烂星空与头顶的灿烂星空互相辉映，使观测者仿佛悬浮在寰宇之中，独处在宇宙的中心。世界隐去，天地间只剩下星星和自己，歌剧从望远镜的传声系统轻轻传来，那是一种空灵的禅的境界，卑微的个体生命在这时空点上与宏伟宇宙融为一体。

如今，无论是哈勃还是桑德奇的经历，早已成为过去。现在世界各地的大天文望远镜，都用计算机控制，CCD 替代了照相底片，会自动把记录的信号传到计算机中。天文学家不用再守候在望远镜旁，而是待在温暖明亮的计算机控制室内，这也使他们少了许多亲密接触宇宙星空的宝贵经历。

几年后，桑德奇获得了几百个星系和 26 个星系团的红移数据，把哈勃当年测量的最远距离又推远了好几倍，从而可以获得更精确的哈勃常数值。1958 年，桑德奇得到了一个惊人的哈勃常数值——75，按照这个数值，宇宙的年龄是 130 亿年。接下来的 20 世纪 60 年代和 70 年代，桑德奇和他的合作者持续不断地测量星系的距离，改进哈勃常数的数值。他后来测定的数值常在 50 左右变动，这个较小的数值表明宇宙的膨胀速度较慢，因而宇宙是年老的，接近 200 亿年。

激烈论战

精确测定哈勃常数相当困难，注定了这是一个容易引起巨大争论的焦点。参与此项工作的天文学家们如同勇猛的战士，为哈勃常数互相攻击长达几十年之久。以下这段历史表明，科学探索虽然靠事实和数据说话，但绝非平静的世外桃源。

1976年，奥斯汀得克萨斯大学的法裔天文学家吉拉德·德沃古勒抨击桑德奇的结果，打响了哈勃常数论战的第一枪。德沃古勒采用精心设计的方法测定远方星系的距离，得出的距离值只有桑德奇宣布的一半远，这导致其哈勃常数值是桑德奇的两倍，即在100左右，从而暗示宇宙要年轻一倍，约100亿年。

德沃古勒提出挑战后，其他天文学家也相继加入论争，有些人得到了支持桑德奇的低数值，另一些人得到支持德沃古勒的高数值。在20年的冲突中，双方的战线都有所变化，但一倍之差仍然是双方分歧所在。数值相差如此巨大的原因，是双方使用了不同的测距方法。在桑德奇眼里，所有可靠的方法都给出了低的哈勃常数值；在德沃古勒眼里，所有可靠的方法都给出了高的数值。

每一次战争都有一个最为著名的战场，哈勃常数论战使猎犬座一个不起眼的黯淡星系IC4182在天文界声名鹊起。这是一个介于旋涡星系和不规则星系之间的混合型星系，双方都对这个黯淡星系发起攻击并力图俘虏它。

IC4182只是一个同小麦哲伦星系差不多大的侏儒星系，看起来毫不起眼，不值得为它花力气。但是，1937年IC4182中爆发了一颗超新星，这颗超新星后来被证认为Ia型超新星，这是参与哈勃常数论战的一些天文学家心目中的圣物，因为这类超新星都有相似的亮度，可以当作“标准烛光”用来测距，问题是不知道 Ia 超新星的本身亮度，因为没有在已知距离的星系中发现过这类超新星。但 IC4182 相当近，算是比较容易测距的，如果能知道它的距离，也就知道了 1937 年超新星的本身亮度，也就知道了这一类超新星的亮度。测定 IC4182 距离的最好方法是观测它的造父变星，但是整个 20 世纪 80 年代都没有找到它的造父变星。

1982 年，桑德奇和合作者利用 IC4182 中明亮的红超巨星，估计出这个星系的距离约为 1400 万光年，用这个距离可以计算出 1937 年超新星的本身亮度，然后再应用到更遥远星系中的 Ia 型超新星，最后导出的哈勃常数是约 50。

但在 1992 年，美国基特峰国家天文台皮尔斯领导的小组用更为灵敏的 CCD 技术，发现 IC4182 中的红超巨星其实没有桑德奇以为的那样亮，于是 IC4182 的距离被降低到 800 万光年。这个较小的距离意味着 1937 年超新星没有那样明亮，从它测定的星系距离其实也没有以前远，从而哈勃常数应是约 86。

桑德奇一方立即进行反攻——利用威力更厉害的哈勃太空望远镜，桑德奇及其同事终于探测到 IC4182 的造父变星，利用造父变星给出的星系距离是 1600 万光年，说明 Ia 型超新星是很亮的，从它测出的星系距离是很远的，由此导出的哈勃常数是约 45。

皮尔斯一方又很快提出，IC4182 中的尘埃减弱了造父变星的光芒，使它们看起来远，但实际并没有那么远，从而又给出了约 80 的数值。

这种激烈的论战搞得普通人一头雾水，很难分清楚谁对谁错。有人引用马克·吐温的一段话来嘲讽天文学家："很多时事评论员的调查已经给这个论题蒙上了重重阴影，如果他们继续干下去，我们很快就会对它一无所知。"

物质对宇宙年龄的影响

哈勃常数只是求解宇宙年龄的第一步。

利用哈勃常数直接得出宇宙年龄有一个前提：宇宙自始至终都是均匀膨胀的，这样哈勃定律在任何尺度上都是成立的，哈勃常数永远是一个常数。

但这实际上是不可能的，因为它要求宇宙中没有物质，也就是零引力宇宙。

宇宙中有物质，就有了引力，引力会引起空间收缩，从而减慢宇宙的膨胀速度。这样，宇宙的膨胀就有了不同的模式。这和在地球上抛起一个球很相似：如果球的速度不太大，地球引力就会把它再拉回来；如果它的速度很大，超过每秒 11.2 千米，它就会脱离地球引力而逃逸出去。

宇宙的膨胀也有三种情形：

如果膨胀速度足够快，星系就会永远相互远离开，膨胀将会永远持续下去，这样宇宙就是开放的；

如果膨胀速度太慢，膨胀最终会停下来，接着宇宙便开始收缩，星系将反过来互相靠近，整个宇宙坍缩下来，这样的宇宙就是闭合的。

介于开放宇宙和闭合宇宙之间还有一个平坦宇宙，它在数学上最优雅也最简单，其中的宇宙膨胀处于临界状态，会越来越慢，无限地逼近停止却永远不会停止。

无论宇宙膨胀是何种模式，物质引力引起的作用都是使膨胀减速。这意味着，宇宙在过去膨胀得要比现在更快，它膨胀到现在的尺度花的时间比均匀膨胀要短，因此有物质的宇宙年龄要年轻一些；物质越多，宇宙实际年龄就越小。（见图 8-2）

给宇宙称重

于是，测定宇宙年龄，除了哈勃常数外，还要进行另一个工作——给宇宙称重，确定宇宙物质总量，进而确定物质引力给宇宙带来的减速效应有多大。

给宇宙称重？这看起来简直是开玩笑，其实不算太难，天文学家们有办法。首先利用太阳对地球的引力估算太阳的质量，约是 2×10^{33} 克；银河系的发光天体质量大约有 1000 亿个太阳，宇宙中星系的质量大约 100 亿倍于银河系，于是

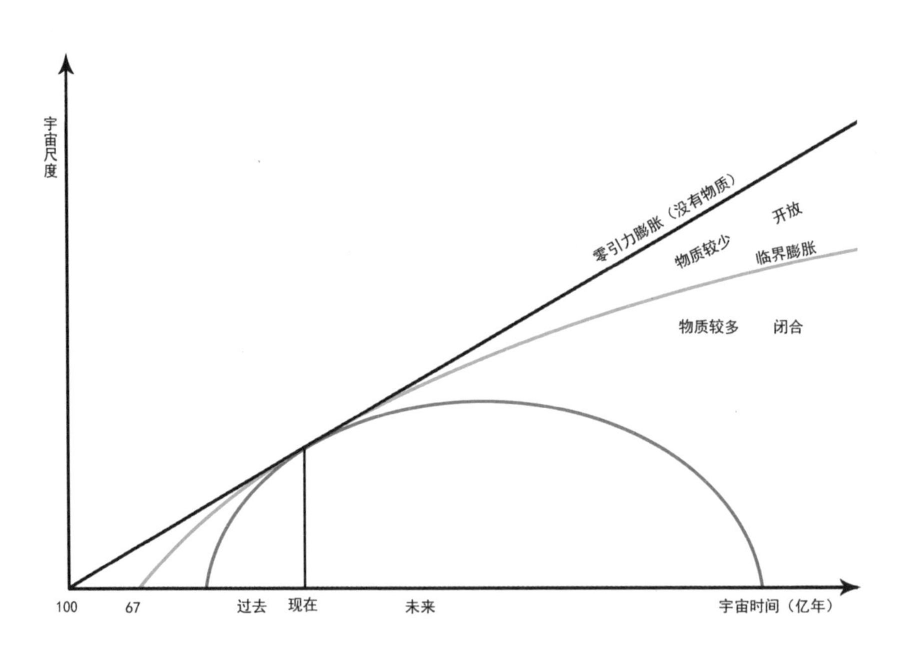

图 8–2　宇宙膨胀的不同模式：物质越多，膨胀减速就越快，宇宙膨胀到现在的尺度用的时间就越短，宇宙的年龄越年轻。如果宇宙的哈勃年龄是 100 亿年，那么临界膨胀的宇宙年龄是其 67%——67 亿年

可得出宇宙总重量约为 10^{21} 个太阳，或者说约 10^{48} 吨，或者 1,000,000,000,000,000,000,000,000,000,000,000,000,000,000,000,000,000,000,000,000 克。误差肯定是有的，但 1 后面 0 的个数大致是不差的。

这些质量对宇宙的膨胀起什么作用呢？它太少了，如果这是宇宙质量的全部，那宇宙就是开放的，会永远膨胀下去，它的实际年龄将很接近零引力膨胀下的宇宙哈勃年龄。

然而，天文学家们发现，宇宙中的发光物质，仅仅是全部物质的一小部分，似乎有大量看不见的物质，隐藏在星系及其外围的空间里。

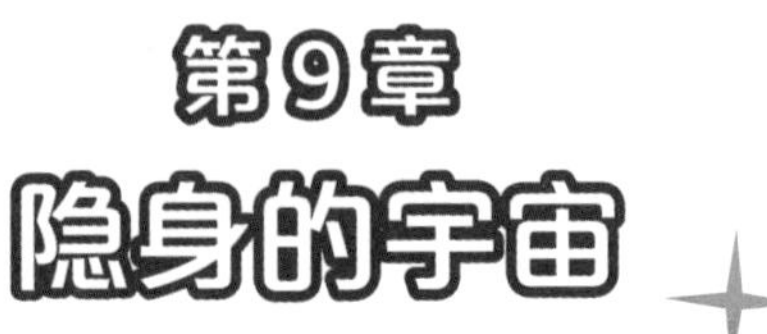

我们的大部分宇宙不见了！

薇拉的星空之梦

20 世纪 30 年代初，一个七八岁的犹太小女孩迷恋上了星空，她叫薇拉，住在华盛顿，她的卧室里有一个朝北的窗户。夜晚，薇拉躺在床上可以看到外面的繁星，它们闪烁着从窗户下面升起，越过天空，再沉入到窗户的另一边。

薇拉大学上的是瓦瑟学院，这个学校有在草坪上观察星空的传统，因为学校一位叫玛丽娅·米切尔的教师曾经发现了一颗彗星，这在美国女性中是第一位。大学毕业后，薇拉想进入普林斯顿大学研究天文，但因为性别遭到拒绝，该校直到 1975 年才开放女生入学，她只好申请了康奈尔大学天文系，并和该校一位研究生鲍博·鲁宾结了婚，成为薇拉·鲁宾，简称鲁宾，相当于中国古代用丈夫的姓称呼妇女，一个女子嫁给姓鲁的男人，就简称鲁氏。

大学毕业后的鲁宾没有工作，每天只能待在家里带孩子，天文学家的梦想越来越遥远，每当她读到新一期《天体物理杂志》时，就泪流满面。丈夫鲍博·鲁宾体谅她的心情，把她介绍给大爆炸宇宙理论创始人伽莫夫读博士。1965 年，鲁宾成为历史上第一位获准使用 200 英寸（5.08 米）海耳望远镜的女性，这一年，她进入卡耐基研究院的地球磁力部工作。地球磁力部的福特研制出一种新的光谱仪，可以拍摄到很远很昏暗的星系光谱，鲁宾和福特利用它研究旋涡星系的转动。

不同寻常的星系旋转

他们首先将这一仪器对准邻近的巨大旋涡星系——仙女星系 M31。M31 很大，横跨天空 5 度，相当于 10 个月亮排成一列，望远镜需要多次拍摄才能得到 M31 的完整光谱。摄谱仪如同一把锋利的手术刀，把 M31 星系肢解开来，得到了每一部分的光谱。谱线的红移和蓝移值可以显示出星系各部分的转动情况，蓝移表示向着我们而来，红移表示远离我们而去。

按说，M31 的恒星公转速度应该呈现这样的变化：

在星系核心区，恒星轨道越大，公转速度会越快，因为核心区的恒星很密集，越大的轨道包含着越多物质。随着向边缘推进，星系的物质越来越稀薄，星球公转速度应该会越来越慢。这情形如同太阳系的旋转，太阳系的绝大部分物质集中在太阳，离太阳距离近的公转速度快，距离远的公转速度慢，比如水星公转速度每秒 48 千米，而第八颗行星海王星公转速度每秒只有 5.4 千米。

然而，当鲁宾和福特把 M31 各部分的旋转速度绘制到一张大图上时，他们惊呆了。旋转曲线的样子非常奇怪——越往星系外围，星球的旋转速度并没有如预期的那样降低，公转速度反而更快。（见图 9–1）

鲁宾和福特决定做一番彻底调查。他们拍摄一个又一个星系光谱，亮的、暗的、各种形态的，这些星系都比仙女星系远得多，拍摄工作也简单得多，因为它们看上去要小得多，整个星系都可以进入望远镜视场，一次拍摄就得到了完整的星系光谱，整个星系的旋转情况一目了然。结论很清楚：恒星围绕星系核心的公转速度并不随着距离增加而下降。这意味着，星系里隐藏着大量不可见物质，它们被称为暗物质。

银河系的暗物质

其实，在薇拉幼年时的事情，暗物质就已经被发现了，当然不是她发现的，而是荷兰著名天文学家奥尔特发现的。

1930 年，奥尔特研究银河系的旋转，发现了一个奇怪的问题。他首先估计了一下整个银河系可能含有的质量，然后测量不同位置处的恒星飞行速度，结果惊讶地发现，恒星的

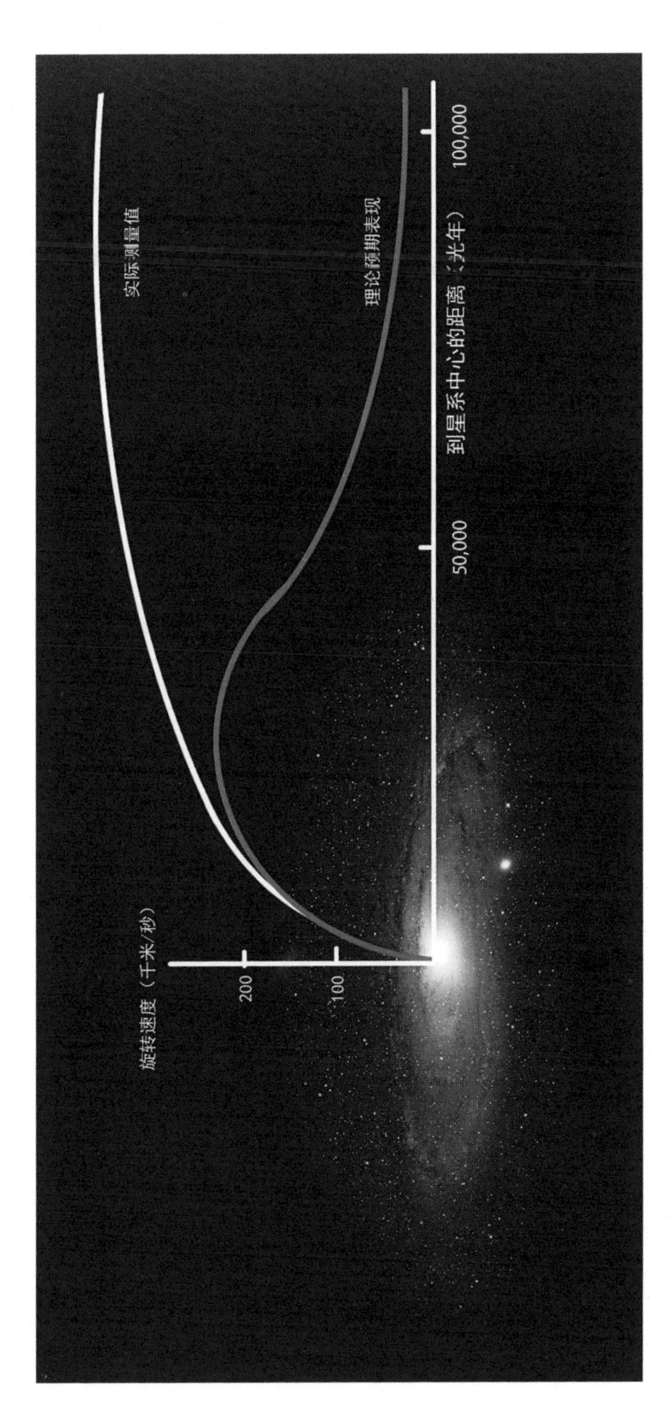

图 9-1　鲁宾和福特得出的旋转曲线

飞行速度和银河系的质量非常不匹配。

恒星的飞行速度太快，银河系已知的质量太小，根本束缚不住那些恒星，它们会四散而去。按照恒星围绕银河系飞行的速度，奥尔特估算出了银河系的质量数值非常大，应该在银河系已知质量的 5 倍以上。

奥尔特预言，银河系充满了一种我们尚不知道的物质，因为这些物质不发光，天文学家们无法通过望远镜看到它们，但它们具有实实在在的引力效应，可以明显感知它们的存在。

20 世纪 80 年代，天文学家们在蝎虎座发现了一颗叫基克拉斯 233–27 的暗弱恒星，给银河系暗物质的存在带来了新证据。这颗恒星跑得飞快，以每秒 583 千米的速度朝太阳飞奔而来，它大概是银河系已知的最高速星。这样的高速度表明，它虽然位于太阳附近，却和太阳不是同一族类，它必然来自极遥远的银河系边疆的银晕，目前只是暂时穿越银盘，路过太阳附近，接下来，它还会越过银盘，远离而去。计算表明，要使这颗恒星达到这样高的速度，仅靠银河系内发光物质产生的引力远远不够。

银河系外围有一些很小的矮星系围绕银河系运动，它们的运动速度决定于银河系的质量，银河系质量大，它们的运动速度就快。根据矮星系围绕银河系的公转速度，天文学家们测出了银河系的总质量——约是太阳的 1 万亿倍，而银河系能够发光的物质总量大约为太阳的 1000 亿倍。

太阳离银心 27,000 光年，绕银心公转的速度是每秒 250 千米，根据这个速度可以计算出，太阳轨道以内大约有 1000 亿的太阳质量。这样，银河系的质量有 90% 在太阳轨道以外，其中大部分在银盘外围的暗晕之中。

碰撞星系团显示的暗物质证据

暗物质的存在还有一个令人惊叹的证据——星系团碰撞。暗物质理论预言：星系团发生碰撞时，星系团中的暗物质会分离出来。

位于 38 亿光年之外的子弹星系团就是两个星系团碰撞的产物。这次碰撞发生在 1 亿年前，一个小型星系团穿过一个大的星系团，形成了一个子弹头一样的形状。科学家绘制出这个星系团的质量分布，红色区域是星系的气体，蓝色区域是暗物质，暗物质在星系团碰撞过程中最先彼此穿越，远远分离开来（见图 9–2）。为什么呢？

星系物质主要有三大组分：恒星、气体云和暗物质。在碰撞过程中，恒星之间有巨大的距离，可以相当轻易地彼此穿越。气体云分子就不一样，它们容易互相碰撞，速度会减慢很多，彼此分离就慢了许多。暗物质在星系碰撞过程中一点儿也不减速，这不是因为暗物质太稀薄，彼此相距太远，

图 9-2　子弹星系团

相反，主导理论认为暗物质粒子均匀分布在整个星系团里，但其脾性极为古怪，不仅不与普通物质粒子相互作用，暗物质粒子之间也几乎不发生任何作用，因而它们可以轻易地穿越碰撞的星系团，与星系的气体云分子分离开来，到达最远端的区域。

隐身有术

2007 年，一个研究小组绘制出一个星系团暗物质轮廓。

只要哪里有发光物质，它们的边上就会有暗物质。暗物质在哪里聚集，星系就在哪里出现，星系和星系团镶嵌在暗物质之中，被暗物质推动运行，就像空中的尘埃，随风漂泊。

暗物质究竟是什么？天文学家们对此几乎一无所知，除了引力效应外，它没有显现出任何其他效应；它也不是已知的任何一种物质粒子。

然而暗物质这个名字有些误导，好像它们是黑暗不发光的物质，实际上它们是透明的，望远镜和其他任何已知的探测手段都看不到它们。因为暗物质粒子不与普通物质相互作用，它们可以轻易地穿透地球，穿透我们的身体，而我们毫不觉察。

会不会是另外一种情况，万有引力定律出了问题？

还记得牛顿万有引力定律在水星上出现的问题吗？水星近日点的进动每 100 年有 43 角秒的误差，牛顿运动定律无法解决，因为它只适用远离太阳的地方，而水星离太阳距离很近，太阳对时空的弯曲影响了水星的进动，爱因斯坦的广义相对论修正了牛顿引力理论，很好地解决了这个问题。

那次是离太阳太近，这次是远离星系中心。

牛顿运动定律在太阳边上失效了，广义相对论会不会在星系边上失效？

然而广义相对论是如此成功，它的所有预言全都被精确地证实了。科学家们也做了许多精确的测量，暗物质的存在看起来无可置疑，而且数量庞大，宇宙每一千克由质子、中子、电子构成的普通物质，就对应着五千克什么也不是的暗物质，它们分布在银河系周围，每一个外星系周围，遍布整个宇宙。但是，人类看不见它们。

宇宙成功地把自己隐身起来，只显露给人类一小部分。

宇宙，闭合还是开放？

回到宇宙膨胀中来。

暗物质大大增加了宇宙的物质总量，使宇宙膨胀减速，甚至还有可能使宇宙膨胀停止下来，转而收缩。20 世纪 60 年代，桑德奇就持这样的观点，他相信宇宙是一个有限的封闭系统，宇宙膨胀速度正在减慢并最终将停止，然后会坍缩到一起，接着再膨胀开来，每隔 800 多亿年循环一次。那时桑德奇是宇宙学的权威，给人的印象是，他的观测数据会对宇宙命运做出最终的判决。

不是所有人都赞同桑德奇。1967 年，桑德奇到德克萨斯大学做演讲，还没开始，一个女研究生站起来向听众宣布，桑德奇将要讲的东西全都是错的。这个勇敢好斗的女生叫比特蕾丝·汀斯丽，她的研究结果与桑德奇相反——宇宙是开放的。

比特蕾丝·汀斯丽不久后来到帕萨迪纳，与桑德奇的对手——加州理工学院教授吉姆·冈恩一起工作。冈恩是一个全才，既是出色的理论家，又擅长制作仪器，许多哈勃望远镜拍摄的漂亮照片，都来自冈恩设计的行星照相机。桑德奇本人也对这个对手非常敬重，有一次有人问桑德奇谁是世界上最优秀的天文学家，他回答说："哦，年轻的吉姆·冈恩干得非常出色，如果他坚持下去，有可能位居第二。"

若干年后，高傲的桑德奇改变了自己的看法，转而接受了比特蕾丝·汀斯丽的观点，认为宇宙的物质密度可能没有那么大，它是开放的，将永远膨胀下去。桑德奇承认自己内心还是喜欢闭合宇宙，这样的宇宙会再次收缩并有可能发生振荡，在轮回中得到永生；无限膨胀的宇宙，最终结果必然是永恒的死寂，那存在的意义究竟是什么呢？

但这时候，比特蕾丝·汀斯丽走得更远了。她在《自然》杂志上发表论文，论证被爱因斯坦抛弃的宇宙学常数可能真的存在，那个常数起到的作用是和引力相反的排斥力，这无疑有些太异想天开了。然而在 1998 年，天文学家们公布了一个匪夷所思的新发现，证明了比特蕾丝先知般的洞察力。

第10章 看不见的大手

它推动星系越来越快地远离

究竟如何膨胀

1998年，人类对宇宙膨胀有了全新的认识。

我们知道，哈勃当年发现的定律是：星系的远离速度与距离成正比。

这意味着宇宙膨胀是匀速的，这当然只是近距离内的近似，因为物质的存在使宇宙膨胀减速，宇宙在早期应该比现在膨胀得更快一些。天文学家们想知道宇宙膨胀究竟是怎样减速的，这就要进行更深远的测量。

从本质上说，天文学家们这次的工作和哈勃以及桑德奇等人的并无二致，无非是测量两个量：星系的红移和星系的距离。

红移就是星系的退行速度，是容易测量的，拍摄光谱就可以。如何把距离测量可靠地推进到几十亿光年的远方呢？

天文学家们需要一把威力更大的量天尺，这次是 Ia 型超新星。

Ia 型超新星——威力更大的新量天尺

Ia 型超新星是白矮星接近质量极限导致的超新星爆发。每一个爆发的 Ia 型超新星都具有大致相同的质量——约 1.4 倍太阳质量，所以它们具有大致相同的亮度——约 45 亿个太阳！如果观测到的 Ia 型超新星看起来非常暗，就意味着它必定非常遥远，根据它的视亮度就可以确定距离了。

所以，天文学家的工作是：找到 Ia 型超新星，拍摄它的光谱，确定红移，也就是远离速度；根据 Ia 型超新星的视亮度确定距离，因为它本身的亮度是固定的。得到这些资料后，天文学家把不同超新星的红移和距离一一对应起来，可以画出新的哈勃图，就能够确定几十亿年前，宇宙膨胀是如何随着时间变化的。

关键是，Ia 型超新星爆发是极为罕见的宇宙事件，像银河系这样拥有几千亿颗恒星的巨大星系，1000 年也爆发不了几颗 Ia 型超新星，而且超新星爆发持续时间相当短暂，捕捉到它们的机会小得可怜。

好在宇宙很大，如果望远镜能够望向数十亿光年深处，全天就会有数以百亿计的星系，这样，平均每分钟都会爆发好几颗 Ia 型超新星。

尽管如此，要发现这些超新星绝非易事。虽然 Ia 型超新星极其明亮，但在几十亿光年的距离上，也只是非常微弱的一个小点。天文学家在不同时间拍摄同一天区，根据微弱的亮度差异的蛛丝马迹，来寻找其中的变星，再从中发现可能的目标。

两个竞争的巡天小组

20 世纪 80 年代中期，劳伦斯伯克利实验室的一组物理学家首先启动了“超新星宇宙学计划”，开始了 Ia 型超新星的搜寻。然而到 1988 年，他们连一颗超新星都没能发现，局面非常困难。颇具慧眼的伯克利以及其他资助机构认真评估后，仍然认为这个项目有很大价值，决定继续予以资助，项目组也改由索尔・珀尔马特领导。

搜寻 Ia 型超新星并拍摄到其光谱，除了技术上的困难，还有获得望远镜观测时间的困难。天文学家要使用某台望远镜，需要向天文台提交申请，经过评议后，由一个委员会来分配观测时间。大型望远镜的使用，提前几个月就已排定，而发现超新星是不可能提前预知的，发现以后只好临时借用别人的观测时间进行后续观测，这就很难保证。珀尔马特发明了一套“批处理”方法：他们每隔一个月，用观测条件最好的无月夜拍摄大片星空，第二天，他们就可以通过比对过去的资料获得一批超新星候选者样本。这些样本观测价值极大，凭借它们可以快速申请到大望远镜的观测时间，“超新星宇宙学计划”项目组开始发现大量的超新星。

随着珀尔马特项目组接近成功，其他天文学家也迅速加入竞争。1994 年，27 岁的布莱恩·施密特在哈佛大学完成了超新星的博士论文，然后来到澳大利亚，在位于堪培拉郊区的斯特朗洛山天文台领导起一个年轻的团队——高红移超新星搜索项目组。

这个团队汇聚了来自四大洲的 20 名研究精英，其中 25 岁的亚当·里斯发明了一套数学方法，很好改正了星际尘埃对超新星光芒的吸收效应，使 Ia 型超新星作为标准烛光的可靠性大为增加，也极大提升了搜寻效率。

膨胀竟然在加速

经过 3 年多的努力，施密特小组获得了 16 颗超新星的数据，把它们的距离和反映宇宙膨胀的红移值画在一张图上时，一个极为戏剧化的图景显现出来。研究者们原本期望看到的是，宇宙膨胀在以多快的速率降低。然而，图像却让他们无比惊讶——宇宙在加速膨胀！这就像朝着空中投了一个球，它没有落回地面，我们眼睁睁地看着它飞向蓝天，飞出了天外！施密特和亚当·里斯忐忑不安地认为自己是不是搞错了。

1998 年初的一次天文会议上，珀尔马特初步公布了研究成果，施密特团队看到了几乎一模一样的数据结论。于是在 1998 年 1 月，两个小组几乎同时正式公布了自己的观测结果，一共 58 颗超新星的数据，清晰显示出一个全新的宇宙图景，相比几十亿年前的过去，宇宙列车正驶上快车道，加速膨胀开去。

2011 年，因为“通过观测遥远超新星而发现宇宙加速膨胀”，索尔・珀尔马特、布莱恩・施密特和亚当・里斯共同获得了当年的诺贝尔物理学奖。

未知的神秘力量

宇宙为什么会加速膨胀呢？这是非常奇怪的，因为以前人们只知道物质引力会使它减速。唯一能够解释的，是假设宇宙中存在一种全新的能量，这种能量表现出奇异的排斥特性，就像一双看不见的大手，推动星系加速远离，导致膨胀加速。

这双看不见的大手，神秘的未知力量，天文学家称为暗能量。

暗能量非常巨大，是暗物质的量的三倍之多。

暗能量的特点是，密度非常小，均匀地分布在宇宙中，占满了所有的空间。更奇特的是，暗能量似乎是空间的一种属性，它的密度不随空间的膨胀而减小，能够一直保持着恒定的密度。

这样，在宇宙的最初，暗能量几乎可以忽略不计；而在早期的几十亿年里，暗能量随着宇宙的膨胀而成长，但仍比不过宇宙的物质，引力仍然占上风，膨胀确实一直在减速。但在五六十亿年前，随着宇宙膨胀，物质被稀释，引力作用越来越弱，暗能量则随着空间体积的膨胀越来越强，逐渐占了上风，最终战胜引力，推动宇宙开始加速膨胀。

暗能量究竟是什么，尚无人知晓，但爱因斯坦早在 100 年前就预言了它的存在——他当年在宇宙学方程里添加的常数项就具有暗能量的特征。1916 年，爱因斯坦用广义相对论研究宇宙时发现，物质的存在会使宇宙坍缩，宇宙必须膨胀才能不至坍缩下来。为了让宇宙稳定下来，烦恼不已的爱因斯坦在方程里添加了一个常数项，它起的正是一种斥力的作用，和引力的作用相抗衡，勉强使宇宙平静下来，爱因斯坦稍感安慰。

但随着 1929 年哈勃定律的发表，爱因斯坦意识到宇宙膨胀不可避免，于是宣称宇宙常数是他一生最大的错误。然而，1998 年宇宙加速膨胀的发现表明，这个常数项也许根本就不是什么错误，很可能是爱因斯坦的又一个英明创举。

宇宙的前途

如果宇宙加速膨胀一直持续下去，会发生什么呢？可能的一幅图景是，宇宙会越来越空旷，物质越来越稀薄，最后陷入永恒的死寂。

宇宙的未来究竟会怎样，有着太多的不确定，目前人类对暗物质、暗能量这些宇宙中最大的组分还几乎一无所知，也就谈不上准确预言未来了。宇宙的未来可能加速膨胀，也可能再次转入减速，也可能变为收缩并转而坍缩下去，或者坍缩后再次大爆炸，一切都还在未知之中。

宇宙的年龄

宇宙加速膨胀，使宇宙的年龄又多了一项影响因素。综合起来，宇宙的年龄取决于以下三个因素：

一、哈勃常数，由它得到零引力匀速膨胀的宇宙年龄，称为哈勃年龄。

二、物质和暗物质的存在给宇宙减速，宇宙过去膨胀得比现在快，它膨胀到现在的尺度用的时间短，结果导致宇宙真实年龄比哈勃年龄要小。

三、暗能量的存在给宇宙膨胀起加速作用，宇宙过去膨胀得比现在慢，它膨胀到现在的尺度用的时间长，结果导致宇宙真实年龄比哈勃年龄要大。

天文学家公布的宇宙年龄，就是由这三项因素综合而来。有趣的是，结合了暗物质和暗能量后的宇宙年龄，竟然很接近均匀膨胀的哈勃年龄，不知其中有何奥妙。

2013 年，欧洲空间局的普朗克探测器给出的数据是：哈勃常数 67.3，暗能量 68.3%，暗物质 26.8%，普通原子物质 4.9%——宇宙显露给我们的仅仅是很小一部分。

综合哈勃常数、暗物质和暗能量的因素，宇宙的年龄被确定为 138.2 亿年，误差为 3700 万年。

第11章 太初

追溯到138亿年前的起始状态。

我们终于追溯到了宇宙的源头——138亿年前。

随着反向追溯，宇宙必然会越来越小。

最终的源头会是什么样子呢？

这类似要回答那个永恒的追问："我们从哪里来？"

谜底也许永远无法揭晓，但人类可以一步步逼近它。

勒梅特的原初原子

1927年，比利时神父勒梅特发表了用广义相对论研究宇宙的第一篇论文，结论是宇宙空间在膨胀，空间的膨胀会使遥远天体射来的光发生红移，红移的大小正比于距离，这实在是非常独到而深刻的见解，这时候哈勃定律还没有发表。

然而和勒梅特一贯的谦虚品质一样，他的论文发表在一家默默无闻的刊物上，没有激起一点浪花。

1931 年，勒梅特又发表了一篇用相对论研究宇宙起源的论文。勒梅特设想，一个膨胀的宇宙在过去跟现在一定有很大不同。在很古老的过去，星系与星系之间的距离必定小得多；而在宇宙的最初，所有物质必然都聚在一起，那时宇宙的密度肯定非常高，大概跟原子核的密度一样高，勒梅特称之为原初原子。随着宇宙的膨胀，原初原子分裂开来，成为各种原子，这些原子再形成后来的天体。

哈勃定律的发表大大激励了勒梅特的信心。1931 年爱因斯坦访问威尔逊山时，勒梅特专门赶到威尔逊山拜见爱因斯坦，向他陈述自己用广义相对论计算的宇宙初始状态：宇宙从一个“原始原子”开始，不断分裂膨胀，如同一颗小小的果实，长成一棵参天大树，他并以哈勃的观测为证，说明宇宙是创生于“没有昨天的那一天”。爱因斯坦说：“这是我所看到过的最美丽的结果。”而在 1927 年，爱因斯坦还对勒梅特的膨胀宇宙观感到厌恶。

伽莫夫的原始大火球

美籍俄裔科学家伽莫夫的看法和勒梅特相反，他认为宇宙元素不是由最初“原初原子”分裂而来，而是由最简单的质子、中子聚变而来。

伽莫夫是个多面手，不仅是一流的科学家，还是优秀的科普作家，被科普界奉为一代宗师；伽莫夫还对生物遗传学说有相当造诣，是最早提出遗传密码模型的人。但伽莫夫最擅长的是核物理，这对理解宇宙最初的元素起源非常必要。

伽莫夫认为，宇宙最初是由基本粒子组成的一个“原始大火球”，温度极高，压强极大，基本粒子几乎全部都是中子，由于空间膨胀，温度随之下降，一部分中子衰变转化为质子，质子和中子通过核聚变，形成由轻到重的各种化学元素。按照理论计算，当宇宙冷却下来后，聚变出来的氦约占全部质量的 26%，氢元素约占到 74%，其他多种元素只占很小的一部分，这和宇宙实际的元素丰度比基本一致。

伽莫夫的论文发表在 1948 年 4 月的《物理学评论》上，文章名称为“α β γ”，这是三个研究者名字——阿尔菲、贝特、伽莫夫的第一个希腊字母的组合，寓意宇宙的起源。

伽莫夫的理论还作出了一个重要预言：宇宙的空间膨胀一倍，温度会下降一半，宇宙从最初极其高温的状态膨胀到现在，温度已经降到了绝对温度 5 度，这就是宇宙的背景温度。

“大爆炸”的由来

但英国天文学家霍伊尔反对伽莫夫。伽莫夫的宇宙学理论被称为“大爆炸”，这个名称就是霍伊尔创造的，它的产生颇具戏剧性。

1948 年的一天，霍伊尔应英国广播电台邀请介绍宇宙的起源。霍伊尔就想，广播公司只有播音业务，播音时主持人看不到听众，听众也看不到主持人，怎样才能吸引听众的注意力呢？必须选用惊人的字眼，怎样才能一鸣惊人呢？爆炸，对，把伽莫夫的理论描述成一场大爆炸，又生动又形象，很容易引起人们关注。

于是霍伊尔对听众说：“你们可能都已经听说过一种说法，宇宙是久远过去的某个时间，由一次大爆炸形成的，现在我要告诉你们，这是错的。”霍伊尔在节目中反复强调“大爆炸”这个词，还配以逼真的模拟爆炸音，然后质疑道：“如果宇宙起始于一次大爆炸，在那种高温高热状态下产生的辐射，一定会在太空留下某种痕迹，即使已经过去了 100 多亿年，也应该能找到。可是，有吗？”

霍伊尔本人信奉稳恒宇宙，他和英国天体物理学家邦迪、戈尔德三人一起提出了稳恒态宇宙学说：宇宙是无限的，没有开端也没有终结，在时间上是无始无终的。稳恒宇宙学避免了令人费解的宇宙开端和年龄问题，但它如何解释哈勃发现的星系远离呢？霍伊尔他们也承认宇宙确实在膨胀，但认为不必有一个起点，只是从无限膨胀向无限。但是膨胀总会导致宇宙里的星系越来越稀疏吧，这怎么算是稳恒呢？霍伊尔等人认为，随着宇宙空间的膨胀，会不断有物质产生出来，它们会形成新的星系，从而使宇宙的物质密度维持恒定不变。它要求物质的诞生率是很低的，只需每年在 2 ~ 3 立方千米的体积内产生相当于一个质子的物质，宇宙物质密度即可保持稳恒。这个产量微乎其微，根本无法验证，同时也动摇了物质不灭定律，但霍伊尔认为一切皆有可能，自己的理论并不比“大爆炸”更荒唐。

稳恒态宇宙曾一度引起轰动，但 20 世纪 60 年代发生了转变——大爆炸留下的余温被发现，这本来是霍伊尔质疑“大爆炸”的关键理由，却成了重要支持证据，于是霍伊尔的稳恒态宇宙论很快衰落，由他命名的“大爆炸”宇宙学则迅速走红。

“大爆炸”这个词如此形象生动，对于大爆炸宇宙学的快速普及功不可没。霍伊尔后来说：“要是我当时有所察觉并申请专利，我会干得非常漂亮，而且会赚大钱。”1994 年，美国《天空和望远镜》杂志发起了一项竞赛，请读者为“大爆炸”起一个更好的名字。一个月内，收到来自 41 个国家的 13,099 个名字，只有少数来自宇宙学家，其他来自幼儿园的孩子，80 多岁的老人、囚犯以及医生等各行各业的人。经过评比，“大爆炸”依然是最后的胜出者。

奇点

根据大爆炸宇宙学，宇宙最初是一个由基本粒子组成的大火球，这个原始大火球又是从哪里来呢？ 20 世纪 60 年代的时候，牛津大学的罗杰・彭罗斯利用相对论研究黑洞，他证明，大质量天体塌缩成黑洞后，必然存在一个点，所有物质最后都被压缩到这个点上，这就是黑洞中央的奇点，它是一个半径为零的几何点，物质密度和时空曲率变成无限大。

霍金这时候正在剑桥大学读博士，他本来想找霍伊尔做导师，但霍伊尔不想招生，于是霍金便跟了席尔玛，席尔玛本来是稳恒态宇宙的支持者，后来转而支持大爆炸理论。霍金找不到好的论文题目，进度很慢，两年时间毫无作为。这时候霍金看到了彭罗斯的成果，他忽发奇想："如果将彭罗斯的奇点理论应用于整个宇宙，会发生什么情况？"霍金意识到，如果将彭罗斯定理中的时间方向颠倒，坍缩就变成膨胀，这条定理仍然成立，而它正好可以描述膨胀的宇宙。

彭罗斯定理指出，任何坍缩必然终结于一个奇点；反过来则是，膨胀的宇宙必然从一个奇点开始！

1970 年，霍金和彭罗斯合作发表的论文证明，假如广义相对论是正确的，宇宙包含我们观测到的这么多物质，则它必然起源于一个奇点。

大爆炸的奇点是一个半径为零的点，这似乎成为宇宙研究一道不可逾越的红线，因为在那里，广义相对论失去了效力。这样，人类的智慧只可逼近大爆炸，大爆炸本身则非人类智力所能及，那里属于神秘的形而上学。

梵蒂冈教皇就坚持这样的观点。1981 年梵蒂冈举行了一次宇宙学会议，40 岁的霍金坐着轮椅参加了大会。会议尾声，教皇发表重要讲话，他告诫宇宙学家，大爆炸之后的宇宙演化是可以研究的，但不应该去过问大爆炸本身，因为那是创生的时刻，是上帝的事务；任何关于世界起源的科学假说，例如原始原子、原始大火球等，并未解决有关宇宙起源的问题，人们依然会问：原始原子、原始火球又从何而来？单靠科学自身无法解决这一终极问题，它需要超越物理学的知识，尤其需要来自上帝的启示。

然后教皇接见与会代表。教皇坐在高高的椅子上，客人们逐个被介绍给教皇。当霍金驱动轮椅来到教皇前时，教皇离开自己的座位，走到霍金跟前，跪伏下身，以便能和霍金更好地交流，他们的谈话时间超过了所有人。最后，教皇站起来，掸了掸自己长袍上的灰尘，微笑着与霍金告别。

霍金心里窃喜，他发现教皇并没有注意自己刚刚在会议上发表的演讲，这演讲刚好反驳了教皇的观点。霍金感觉自己的情况有些像 300 多年前的伽利略，不同的是，伽利略因为传播异端而被审判，霍金已经不可能再次面临同样的遭遇，在这个时代宗教势力在科学面前谦卑了很多。

霍金提出的是无边界设想——宇宙的边界条件就是它没有边界，也就是没有特殊的起始点，它是一个彻底自足的存在，只会从一个状态演化到另一个状态，不存在完全不可知的领域。

这意味着，宇宙不需要外在的创造者或者第一推动力。

这是一个重大的宗教和哲学问题。

这想法和最初设想的大爆炸奇点不太一样，最初是半径为零的奇点，现在则成了量子奇点。

原来之所以半径为零，是因为广义相对论在那里失效了。

广义相对论在奇点处失效，只是证明了它也有特定的适用范围，不能表明奇点属于神秘主义的领地，科学不能染指。

根据哥白尼原理，宇宙时空的每一点都是完全平等的，不存在任何超越科学理论的特殊点，奇点也是如此。

对那个极早期极微小的状态，需要用新的量子引力理论来研究，虽然充满艰辛，依然属于科学王国的版图之内。

宇宙的果壳

1968年，澳大利亚著名物理学家保尔·戴维斯参加一个宇宙学讲座，那时候宇宙微波背景辐射刚刚被发现，伽莫夫的热大爆炸学说开始流行，主讲教授最后总结道：“一些理论家已开出了宇宙化学成分的清单，这份清单的根据是大爆炸最初 3 分钟发生的核反应过程。”所有的听众哄然大笑。

描述宇宙最初的 3 分钟，这听起来相当不靠谱，简直荒唐可笑，试问，一万年前地球上的事情能说清楚吗？然而仅仅过了大约 10 年，最初 3 分钟的理论就进入了大学课堂，紧接着，社会大众也知道了。1977 年，美国物理学家和宇宙学家史蒂文·温伯格写了一本畅销书——《最初的 3 分钟》，他描述了一幅令人信服的宇宙起源图景，包括在大爆炸之后几分钟甚至仅仅数秒内出现的详细过程。

理论学家们甚至已经逼近到宇宙创始的量子奇点，尺度仅为普朗克尺度，10^{-33} 厘米，没有比这更小的尺度存在；时间到了 10^{-43} 秒，没有比这更短的时间存在，那是真正的宇宙源头。

这个量子点犹如宇宙的果壳，虽然无比小，却包含了宇宙中一切结构的密码——空间、时间、物质、作用力，一切都统一在一起，随着宇宙的膨胀，这些密码信息自发显现出来，形成了一个无比丰富多彩的宇宙。